每年，我都有 365 天想辭職

整天瞎忙、看人眼色、失去動力、沒有愛好……
雞湯只能暖胃不暖心，成就感就能滿足你的自信心！

龐金玲 著

與其抱大腿，不如自己當大腿！
別把生活過得死氣沉沉，要活得熱氣騰騰！
如果所有人都懂你，那你得普通成什麼樣子？
我們為什麼沒有成就感？又將如何獲得成就感？
從日常生活中小事出發，以溫暖治癒的文筆回答你兩個問題！

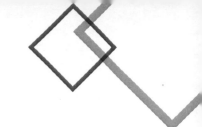

目錄

前言

　　人生路漫長，到底什麼樣的人生才叫成功的人生？這個問題沒有標準答案。但是，有一點可以確定，在這條通往成功的路上，「成就感」是不可或缺的調味品。沒有成就感的人生，就像沒有調味料的菜，十分枯燥乏味。

　　去年，和朋友一起去露營，露營基地有一個漂流項目。但是因為漂流的地方水流太緩慢，只能靠自己慢慢划行。我並不是很擅長划船，所以過去好半天我一直在原地打轉，很多人都放棄了，乾脆推著船往前走。

　　但是這樣不就失去了漂流的樂趣了嗎？同船的朋友鼓勵我說：「別著急，你別老想著全程有多長，只要你把眼前的這段距離划出去了就好了。」在朋友的鼓勵下，我們一起漂到了終點。沿河所有的風景我們都看到了，這次經歷給我留下了非常深刻的印象。

　　有過登山經歷的人都知道，如果你把注意力放在眼前的階梯上，心無旁騖，不斷向上攀登，就不會感覺到疲憊。但是如果你不停左看右看，再抬頭看看巍峨的山頂，你就會暗示自己，這座山太高了，我肯定爬不上去，最後就真的失敗了。

　　就如那些半路放棄的人一樣，這世上百分之九十的人，都喜歡待在自己的舒適圈，只是大家都不願承認而已。其

前言

實，當你走出舒適圈的那一小步開始，就是你邁向成就感的
一大步。充滿成就感的人生就像是一臺馬力十足的跑車，在
賽場上總會收穫觀眾讚許的目光。

我們常常抱怨自己沒有成就感，卻很少反省自己為什麼
沒有成就感。本書從日常生活中的一些小事出發，運用溫暖
治癒的文筆，告訴你兩個問題的答案：我們為什麼沒有成就
感？又將如何獲得成就感？

希望讀完此書，能解決你的煩惱和疑惑，幫助內心茫
然、失落的你找回當初意氣風發的自己，過上充滿成就感的
人生。

人生的劇本本該有自己書寫，別害怕，勇敢的走出第一
步，改變一些人、一些事，歲月才會賜予你想要的一切。別
讓你的人生繼續潦草下去了，你的人生，需要一點成就感。

第 1 章

成就感不是為了證明，而是讓自己活得有尊嚴

　　如果你在做一件事情，可是遲遲沒有成就感，是不是應該思考問題出在哪裡？還有繼續的必要嗎？是不是該換個方式？人生中的成就感，並不是比較得來的。挫折雖然讓人難受，但是只要我們及時調整好心態，就能扭轉乾坤，為自己打造一個光輝燦爛的世界。熱騰騰的雞湯固然暖胃，但是實際的「小成就」才能暖心。

又累又沒有成就感？因為你無效努力太多

你是否有過這樣的困惑：

每天上班，來得最早的是你，走得最晚的也是你，可是升遷加薪的時候就是不見你；咬咬牙，花掉兩個月的薪水辦了張健身卡，可是三個月過去了，體重不降反升；費盡心思追了好久的女神，最後還是投入別人的懷抱；起早摸黑背理論、做練習題，這次公務員還是沒考上；……

為什麼付出了這麼多，那麼累，還是沒有成就感？

答案是：你的無效努力做得太多了。

事實上，我們大部分的付出都是在做無效努力。為什麼會這樣呢？因為你付出的努力和設定的目標不合適。這種不合適表現在兩個方面：

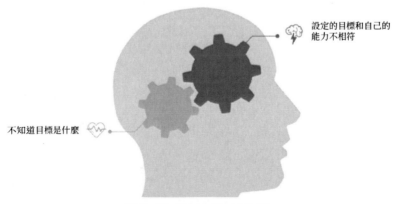

設定的目標和自己的能力不相符

不知道目標是什麼

圖 造成無效努力的兩個原因

文菲是一個寫手，也是我的朋友。她給自己定下了一個目標，今年部落格的粉絲一定要達到 3 萬。於是每天找選題，埋頭苦寫，頭髮一抓掉一把，我實在是心疼她，便對她說：「要不妳把文章發在各種網路平臺上，看的人多了，追蹤的人不也就多了嗎？說不定還能收穫什麼驚喜。」

文菲說：「可是我覺得我寫得還不夠好，不敢發，怕別人笑話。」

我說：「既然如此，妳當初為什麼要定這麼高的目標呢？如果沒有做到，豈不是很挫敗，何不先定一個小目標，收穫一波成就感，接下來也有動力不是嗎？妳現在做的都是無用功，妳自己不覺得累嗎？」

文菲沒有對自己的能力和設定的目標有一個清晰的認知，所以給自己設定了一個過大的目標。如果文菲遲遲看不到成效，那麼她很可能會懷疑自己，漸漸不認同這個目標，進而放棄。這就是心理學中的「不值得定律」。

通常來說，當我們在做一件自己無法認同的事情時，基本上是沒有成功的可能的，即使成功了，自己也不會收穫多大的成就感。

當然，連目標是什麼都不知道的人就更不用說了。他們常常會用「假裝努力」來麻痺自己，給自己求一個心安，並安慰自己：我正在努力變好，如果我沒變好，那就是生活對我不好。算了吧，別以為生活拋棄了你，生活根本沒空搭理你。

很多人覺得，我寫這麼多書，一定很有成就感吧。其實，我想說，我還是算幸運的，我一直堅持在寫文章，我的目標很簡單，只要我寫的內容有人看，有人與我互動就行了。後來，我向一些大的平臺投稿，有幾篇文章引起了讀者的共鳴，越來越多的人開始追蹤我的部落格，我有了第一批粉絲。很難想像，如果我當初給自己定下「宏圖大略」，卻遲遲達到不了，我現在就不會在這裡和大家分享我的心得了吧。

沒有做好時間管理，也會讓你覺得「又累又沒有成就感」。

低效率的努力只會讓我們的內心感覺更焦慮，而且會產生「為什麼別人那麼輕鬆就做好了，我付出雙倍的努力還做不好？」這種消極的想法，並且惡性循環。

因此，在大家努力的過程中，一定要注意時間安排的問題。「80/20 法則」告訴我們：時間要花在該花的地方。

參加工作後，我想提升一下自己，決定試著考一下 BEC 高級。可是不巧，一位前輩請我幫忙，她的孩子準備考大學，想請我幫忙補補英語。我覺得憑我的能力，應該可以應付得過來，可是我錯了，基本上我下課回家就複習不了了，當天要複習就上不了課。我陷入了兩難，前輩之前幫過我挺多的，我也不好拒絕，但是考試我也不能放棄。

後來我權衡了一下，決定把注意力先放在補習上，至於

複習我可以利用碎片時間先練習基礎，等大學入學考完後，其實還有很長時間足夠我攻破難點。事實證明我的安排是對的，當我全心全意幫前輩的孩子補習時我發現，有很多基礎語法，我已經掌握了，替我以後節省了很多複習時間。

一個人的時間和精力是有限的，想要做得面面俱到，可能性為零，因此，我要學會合理安排自己的時間和精力。

如果你堅持要面面俱到，不如先從各個擊破開始吧。把80%的時間放在重要的事情上，再用剩下20%的時間，帶動其餘事情的發展。

除了客觀原因會導致我們看不到付出的回報，沒有成就感，還有一部分主觀原因：我們陷入了「達標謬論」的迷思。簡單來說就是，我們確定了很多積極的目標來填滿我的生活，並且也做到了，可是我們還是沒有成就感。

為什麼會這樣呢？因為在我們朝著目標進發的過程中，我們會對最後的結果產生期待。我們的達到會接受到這種期待，進而產生情緒上的愉悅感，覺得最後的結果就應該是這樣的。

也就是說，我們已經提前在感受成就感了，由於前期我們接受了太多這種思想麻痺，所以當目標真正達成的那一天，我們並沒有那麼開心。這也許就是傳說中的「理想很豐滿，現實很骨感」吧。

前段時間我給自己放了一個小假，去了我一個我一直很

嚮往的地質公園。圖片上宏偉險峻的大峽谷，整齊如刀切的懸崖，壯觀的雲海，都讓我心馳神往。於是，我整理好行李，愉快的上路了。

可是天公不作美，第二天下大雨，盤山公路之險，路途之長，天氣之惡劣都讓我開始後悔這趟旅行。到了景區門口，售票大廳擠得滿滿的都是人，進了景區，棧道上擠得滿滿的都是人；坐了索道上山，觀景臺擠得滿滿的都是人；遊覽完畢準備返程，停車場擠得滿滿的都是人。難道照片上看的都是假的嗎？難道我來了個假的大峽谷？返回飯店躺在床上，我真的又累又沒有成就感。

我也掉入了「達標謬論」的陷阱。那麼，我們怎麼才能避開這個陷阱呢？

很簡單：善於發現快樂，把注意力放在過程上而不是結果上。有心理專家研究顯示，一個人的內在動力是成就感最大的驅動力。就是說，如果你是發自內心想做這件事，對這件事有極大的渴望，那麼最後，你獲得的成就感也會越多。

其實，我也可以換個角度看這趟旅程，雖然人多，但是我幫助很多熱情樂觀的叔叔阿姨拍照，從他們身上我學到了對生活的熱情；觀景臺上人很多，可是我站在另一個角度，看到了更為壯觀的雲海；棧道上都是人，可是我克服內心恐懼，走在懸崖邊的棧道上，這也是進步啊！

我們應該根據自己的興趣愛好設置目標，留意追逐的過

程，而不是最後的結果。

我們都是普通人，不是法力無邊的神仙。也許有的人內心非常強大，強大到不需要這一點點成就感來安慰，依然可以堅持前行。

可是，我不是這種人，我的內心不夠強大，相信拿起這本書的你也是。我們都需要這微不足道的成就感給自己安慰，讓自己有繼續奮鬥的動力。

舉個很簡單的例子。你去和一個人相親，如果對方和你想法觀念不合，你還會和對方相處下去嗎？除非你有別的目的，比如想報復前任，比如想趕緊「完成任務」。

做事情也是如此。

如果你在做一件事情，可是遲遲沒有成就感，是不是應該思考問題出在哪裡？還有繼續的必要嗎？是不是該換個方式？

願你能堅持做自己喜歡的事情，再也不做無用功，早日收穫成就感。

人生中的成就感，並不是比較得來的

我們從小就被「別人家的孩子」虐得體無完膚，一直在比較中成長。傳統的教育思想認為，有比較才有進步，所以，我們進入學校之後，就慢慢變成了斤斤計較的人。「常

勝將軍」不想輸，因此不斷給自己施加壓力；而那些一直輸的人呢？抱著一路爛到底的想法，漸漸放棄自己。

比較，看似讓我們充滿上進心，殊不知卻在相互比較中漸漸喪失自我，我們的人生目標狹隘到只剩下贏，彷彿只有贏才能證明我們成功。當「常勝將軍」突然輸了，他會懷疑這個世界，但是，真正的成就感並不是比較得來的。

曾經有位大型餐飲連鎖企業的董事長接受採訪，記者問他：「您 16 歲就進入職場工作了，在廚房洗盤子、搬貨、傳菜，但是今天，您的事業獲得了這麼大的成就，而當時和您一起工作的人，可能還在洗盤子。那麼，您當時知道以後會和他們有這麼大的差距嗎？」

「我不知道，我沒想過這個問題，」董事長十分誠懇的回答，「老實說，我在奮鬥的路上，真的沒有注意過其他人。」他從來沒把那些洗盤子、傳菜的同事當作比較對象，他的眼裡只有一條通向目標的筆直道路。如果他只想成為那群服務生當中最優秀的，也許今天就不會有這位餐飲大亨了。

不要因為在攀登的路上滑了一跤，就忘了自己要征服聖母峰。在惡性競爭下，失去的反而會更多。

我想起了我自己的故事，我的英語成績不太好，總是拉總分數的後腿，我並不是不努力，而是我真的沒有天分。因此，我只能在其他的科目上多費費工夫，來彌補英語的不足。透過這種「取長補短」的辦法，我的成績還說得過去。

　　大家都知道我英語成績不好，所以，當我有一次英語考試拿了全班第三時，每個人的臉上都露出驚訝的表情，好像我做了什麼見不得人的事情一樣。其實，是我下了非常大的決心，一定要學好英語，所以每天背單字、聽錄音、做習題。我們班的英語小老師，得知我考了第三名，而她只有第五名時大發雷霆，說我考這麼好肯定是因為在老師那裡補習過，老師洩題給我……我在教室尷尬得不知所措。

　　這是高中時候的事情了，但我的記憶非常清晰。後來我考上了不錯的大學，卻聽說這位同學大考發揮失常。去學校報到時，我又碰到了她，我猶豫了一下，決定假裝沒看到她。免得她得知我考得比她好，又當眾發脾氣，好像我欺負她似的。

　　有時候，「不太理想」並不是差，而是意味著還有「更理想」的路。現在「不太理想」也不代表以後不會「更理想」。我們真正的成就感，不是透過比較得到的。爭輸贏沒有多大的意義。就像綠鈴子的水分很多，但是它並沒有常春藤長得好，水分太多只會讓它的根爛得更快。青苔吸收了那麼多陽光，也沒有向日葵那般朝氣蓬勃。

　　人生中免不了競爭，但是不能變成惡性競爭，那樣我們失去的會更多，成就感就更少。

　　另外，我們還要學會抵制誘惑。我們的身邊充滿了誘惑，面對這些誘惑，我們要決定做什麼不做什麼。大部分情

況下，人都是貪心的，總想兼得魚和熊掌，把事情做得十全十美。可是哪有這麼容易呢？我們想要獲得成就感，除了要避免惡性競爭，還需要找準目標，給自己找到一個正確的方向，選擇一件適合自己的事情，並全力以赴，才能登頂高峰。

一位愁容滿面的年輕人去找高僧，想讓他幫忙開解自己的煩惱。這位年輕人大學畢業後躊躇滿志，可是好幾年過去了，依舊一事無成。他找到高僧時，高僧正在禪房打坐，他面帶微笑的傾聽年輕人朝他大吐苦水。

聽完年輕人的講述，高僧對他說：「能不能請你幫我燒一壺開水？」年輕人看著牆邊放著一把水壺，旁邊就是一個小灶臺，但是沒有柴火，於是便到後山撿了一些柴火回來。他打了滿滿一壺水放在灶臺上面燒，可是撿來的柴火都燒完了，水還沒有開，於是他又到後山撿柴火，等他回來，水都涼了，又得重新燒。

這次他想了一個辦法，並沒有急於點火燒開水，而是去後山撿了足夠的柴火再回來燒開水。由於柴火準備得非常充足，沒過多久，水就燒開了。

高僧突然向他發問：「如果柴火不夠，你應該怎麼把水燒開？」

年輕人搖了搖頭。高僧說：「很簡單，你把水倒掉少一些不就好了嗎？」年輕人恍然大悟。高僧接著說：「一開始

你壯志凌雲，樹立了很多目標，就像這個水壺一樣，裝了太多的水，但是你準備的柴火又不夠，怎麼能把水燒開呢？想要把水燒開，要麼就把水倒出去一些，要麼就準備足夠的柴火。」

年輕人醍醐灌頂，只有拋開那些不切實際的理想，從最近的目標開始，腳踏實地，才能一步步走向成功。

實際上，燒一壺開水並不是一件難如登天的事情，但是為什麼還有那麼多人做不好呢？有的人剛把水燒熱就跑了，有的人這壺水還沒燒開又去做別的了，還有的人一直關心別人的水燒得怎麼樣。這些人本來是很有可能成功的，可是並沒有把水燒開，真是讓人惋惜。

燒水的過程大概是最難熬的，因為我們不能三心二意，不能動搖，不能因為別人燒開了就心煩意亂，甚至最後覺得這壺水燒不燒都沒必要……一個可以把這壺水燒開的人，一定經歷了寂寞和失敗，特別是當水燒到65℃以後，很多人耐不住寂寞放棄了，而那些卓有成就的人，只是堅持把水燒開了而已。

然而，在現代社會中，「身在曹營心在漢」的人不在少數，燒著自己的水，還要看看別人的水燒得怎麼樣了，真正能夠坐住，耐得住寂寞的人，少之又少。

一位果園的管理員在巡視果園時，不小心把妻子送給自己的金錶掉在樹林裡了，這麼大的果園，該怎麼找？於是管

理員向果農求助，讓大家幫忙尋找，並承諾找到的人必有酬謝。可是果園裡到處都是落葉和雜草，在這裡找一支錶比大海撈針還難。大家走遍了果園，還是徒勞無功。

　　眼看著天黑了，大家紛紛失望的回家了。只有一個小男孩，還趴在地上找。夜越來越深，周圍的環境越來越安靜，小男孩趴在地上聽到了一些微弱的「滴答滴答」的聲音，他循著聲音爬去，這個聲音越來越清晰了，最後，他終於把這支錶找到了。

　　隨著網際網路的進步，我們處在一個資訊爆炸的時代，就連人與人之間的關係都變得十分浮躁。很多人想要成功，就必須在複雜的環境中開闢一條屬於自己的道路，方便自己進步。於是費盡心機想打通這條路，就像故事中的眾人毫無章法的尋找金錶一樣。實際上，想要找到那支錶很簡單，就像小男孩一樣專心致志、心無旁騖的尋找就好了。

　　有一篇〈小貓釣魚〉的文章，老師問：「小貓為什麼沒有釣到魚呢？」孩子們回答：「因為牠三心二意。」連小學生都知道的道理，為什麼現在成年人都忘記了呢？我們就像那隻小貓，在釣魚的時候不停的被周圍的花草、蝴蝶吸引，甚至有時候還會去和別人攀比，看看誰釣得快，誰釣得多。於是我們越來越浮躁，最終當別人收穫成就的時候，我們只能羨慕嫉妒恨。

你不需要雞湯，需要的是成就感

當我們的精神覺得空虛飢餓，是不是喝幾碗「雞湯」就能填飽？曾經的我，確實這樣做過。那些如百花綻放的勵志書籍、比比皆是的精神導師。他們打著心理專家的旗號，號稱沒有醫不好的心理創傷，於是得一美稱「心靈 OK 繃」。

但是號稱可以治癒一切心靈創傷的精神導師們，又時常自相矛盾，今天告訴你要平和、淡然、你若安好便是晴天，明天又教你要往前衝、不服輸、爆發你的小宇宙。喝下這碗雞湯的你，是不是比以前更茫然了？

揭開心靈雞湯的面具，其實你喝下的就是一碗碗慢性毒藥。

別人的成功真的可以複製嗎？

一個成功企業家曾向廣大上班族號召：「我的成功你們也可以複製！」這句話點燃了無數人的熱情，以這句話命名的自傳一上市就被搶購一空。可是這麼多年過去了，有沒有一個人站出來說：「我成功了，我就是第二個他。」答案是沒有。

在我看來，很多心靈雞湯都試圖把問題簡單化，忽略問題產生的各種複雜條件，覺得一件事情的發生必然是某種原因導致的，這樣的想法是不合理的。一位著名心理專家表示：「一個人能否把一件事情做成功，受很多因素的影響，

比如周圍環境、人際關係、處事原則、心態等等。成功不是一蹴而就的，每個人邁向成功的方式也不盡相同。那些成天給自己灌輸成功學和心靈雞湯的人，最後成功的可能性是很小的。」

而那些成功人士，不一定會把自己的人生經驗告訴別人。這並不是自私、看不起人，而是別人走過的路，不一定適合你。別人能高空走鋼索獲得成功，可是你懼高，站上去就暈倒了，如果你還堅持走這條路，很有可能會喪命。

以前在某些地方很流行打胺基酸，如果覺得身體很疲憊了，就去醫院打一瓶。實際上，胺基酸作為人體必需的物質，確實有增強免疫力，促進吸收的功效，但是只是針對那些營養不良的人。有一次，一個年輕力壯的年輕人得了輕微的感冒就要掛胺基酸，後來卻進了 ICU。胺基酸確實有用，但是需要對症下藥，心靈雞湯也一樣。

國外心理學家也做了一項實驗。心理學家請了幾位自信力很低的人，讓他們讀一些自我激勵的句子，比如「我是最棒的，我一定能成功」、「眼前的挫折是暫時的，光明的未來在等著我」等等，然後再對他們的情緒進行測量。結果發現，他們朗讀完這些句子後，變得更加懷疑自己了。

為什麼會這樣呢？心理專家解釋說，那些激勵人心的語句確實會讓人熱血沸騰，可是當人們漸漸忘記那些負面的情緒，但是最後卻沒有成功時，就會非常自責。此時人們的負

面情緒會比當初更嚴重。

心裡雞湯放大了人們的情緒，這種放大正在一步步摧毀一個人的信念。當我們還不懂如何與自己相處時，卻一味的按照別人的行為方式來思考，這就像是穿了一雙不合腳的鞋，最後痛苦的一定是自己。甚至你會覺得，試了同樣的方法，為什麼別人成功了你卻沒有成功？你會下意識覺得：「我不如別人。」這個想法是很可怕的。馬雲也曾表示，他的員工只要參加過一次成功學的講座，那這個人就完蛋了。這個觀點雖然很絕對，但是我很贊同。

為什麼明知道心靈雞湯用處不大，還有那麼多人喜歡喝？

心靈雞湯已經流行了很久。以前，它們是雜誌上一篇篇動人的故事。現在，它們是網路平臺、社群媒體裡推送的一篇篇偽營養的文字。有的文章讀起來很有道理，實際上都經不起推敲。

舉個很簡單的例子，我們常在雞湯文中看到一個老木匠的故事：一個技藝超群的老木匠在退休前被老闆安排造一間房子，老木匠心想反正要退休了就隨便造一造吧，沒想到，這棟房子是老闆送給自己的。最後，他不得不住在一棟「豆腐渣」工程的房子裡。

心理學家這樣分析這個故事：一個木匠的價值表現在他造的房子被人認可，一個合格敬業的木匠不會在最後關頭砸

了自己的招牌。聽起來好像挺有道理的，可是這個故事忽視了人是有自律性的，不是每個人都蠢到砸自己的招牌。

以偏概全，用一個小機率事件就推斷大環境都是這樣，這種神邏輯放到現在一定會被攻擊到體無完膚。然而，這是心靈雞湯的通病。可是，就是這麼前後自相矛盾的故事，卻有一批忠實的信徒。

心靈雞湯之所以會有市場，也和我們受過的教育有關。考試教育告訴我們正確答案只有一個，潛移默化讓我們認為，成功的路也只有一條。

個人原因也不能忽視。心理學家認為現在大多數人內心深處都住著一個嬰兒，他們希望找到一個可依賴的對象，可以指導自己的一言一行。那些迷戀心靈雞湯的人，其實是把雞湯想像成可以滿足自己的「依靠」。

然而，這些「嬰兒」通常活在那些童年生活環境並不理想的人心中。由於兒時的需求並未獲得滿足，他們潛意識裡依然覺得自己是一個需要被照顧的對象，把身邊一切都當作自己的「依靠」，依賴性很強。也許他們並未意識到自己的問題，或是還沒找到產生問題的真正原因，所以病急亂投醫。等藥效一過，情況會比以前更糟糕。

也許你會問，難道心理學就很可靠嗎？同樣是治癒人的內心，為什麼心理學就不是雞湯呢？因為心理醫生的職責是刺激當事人思考，鼓勵大家面對自己內心的陰影，接受自己

的不完美。心理學和心靈雞湯是有本質區別的。

我們需要的是心靈雞湯嗎？不，我們需要的是成就感。

我們常常在電視劇裡看到這樣的橋段，男主角跌落懸崖，鏡頭一黑一排字幕「一年後」，男主重出江湖，成為天下第一高手。這和心靈雞湯的做法十分相似，都讓人都百分之百的相信自己一定能成功，卻忽略了為了成功要付出的代價。

莉莉今年初入職了一家公司，這個部門剛剛成立，大家都處在相互熟悉的階段，可是部門主管的位置還空著，公司有意在莉莉這批新入職的新人中選拔一位優秀的員工當部門主管，於是新同事間表面相處和睦，實則暗流湧動，以莉莉的能力和經驗，想獲得這個職位並不難。

可是同為新同事的曉琳在一次會議上做了精彩的發言，受到了老闆的青睞，莉莉感受到了危機。那兩天莉莉的情緒非常差，翻出常看的幾個部落格，看了很多雞湯，企圖透過這些心靈解藥開導自己，但是並沒有什麼效果。莉莉心想，與其在這裡被雞湯洗腦，不如多學學技能，超越別人。

那幾天莉莉沉下心來安心鑽研每次員工培訓的文件，不停向前輩員工請教。新的資料後臺操作比較複雜，別的同事花了一個星期，莉莉向技術部請教，不到兩天就掌握了。莉莉努力的成績漸漸顯現出來，老闆看到了，也嘗試把一些重要的工作交給她，莉莉完成得很完美。

　　三個月過後，莉莉終於如願以償的當上了部門主管。莉莉對我說：「這是我今年做的最有成就感的一件事。」

　　可是還是有人需要心靈雞湯的，畢竟人生已經這麼辛苦了，透過文字找到一絲絲安慰也無可厚非。在內心最煎熬的時候，讀上一、兩篇這樣的文字，慰藉一下心靈，心情也會好起來。但這種慰藉就像是迷幻藥，安慰得了一時，安慰不了一世。

　　遇到挫折，不是只有喝雞湯才能緩解，走出去嘗試一些新鮮事物，一點點成就感就能讓你重獲新生。你可以用以下幾種方式替代喝雞湯：找一個自己喜歡的地方，花點時間研究一下，來一場說走就走的旅行吧；週末約上三五好友聚個餐，大家把這些天的苦水一吐為盡，享受心情順暢的痛快；你還可以到健身房揮汗如雨，加入課程，跟著音樂的節奏把煩惱都甩掉，第二天站上體重計看到日漸降低的體重，也很有成就感不是嗎？

　　熱騰騰的雞湯固然暖胃，但是實際的「小成就」才能暖心。

別讓成就感來得太晚

　　我們經常看到這樣一句話：「每天叫醒你的不是鬧鐘，而是夢想。」我們這麼多人都懷揣著夢想前進，可是堅持到

最後的卻屈指可數。是什麼原因讓他們半途而廢？是實力不夠？還是喪失了繼續下去的動力？其實都不是。最重要的原因是他們沒有成就感。

前面說了那麼多，那到底什麼是成就感？所謂成就感就是當願望實現時心裡的那種平衡，簡單來說就是你一直想做的事情，最後做成了，心裡的那種喜悅。

天意是我的朋友，美術系畢業，並且很有天賦。她的油畫不管是從色彩搭配、構圖，還是想要表達的含義都別具一格，我每次欣賞她的作品，都能收穫驚喜。因為她熱愛，所以她的家人也全力支持她。在她的人生規畫中，以後注意力大部分都放在創作和畫展上。

因此，即使畢業了，她也不斷進修，水準一年比一年精進，在我們眼裡，她馬上就要成功了。可是，有一天她對我說：「我覺得我壓力好大啊，我沒有畫畫的熱情了，我都懷疑我當時的決定是不是正確的。」

能夠考進美術學校的學生不管是個人能力還是家庭經濟實力都是不俗的，甚至有的在上學期間就聯絡好名師或者國外進修班去鍍金了。天意的家庭很普通，雖然父母全力支持，但是能提供的幫助也是有限的，她只能靠自己。身邊的人都自帶光環，在這種環境下，天意就更沒什麼存在感了，更別說成就了。

畢業這麼多年，她的同學們有的憑藉家裡的幫助開了畫

展，有的人出國鍍金歸來就是留學著名畫家。只有天意，只能自己推銷自己，因此她非常失落。沒背景、沒成績，即使作品再好也門可羅雀，吃閉門羹是常事。天意非常沒有成就感，一度想放棄回老家當個美術老師。

後來事情有了轉機，由於天意的實力確實很強，在她一位大學老師的幫助下，開了一次小型的畫展，也因為這次畫展，她遇到了一家公司的老闆，現在是這家公司的美術總監。

後來，她對我說：「如果當初沒有老師的幫助，我現在還在過那種沒有成就感的日子的話，我肯定就放棄了，就沒有今天的我了。」

但是，並不是每個人都像天意那麼幸運，在最低谷的時候，能遇到貴人出手相助。我們之中的大多數都是因為缺乏成就感而讓夢想擱淺。

有的人夢想當一個導演，可是拍了很久的電影也沒人賞識，於是心如死灰，放棄了；有的人想做一個大紅大紫的網紅，可是面對慘不忍睹的粉絲人數，也放棄了；有的人想練出馬甲線，可是面對那麼大的運動強度，退縮了；有的人想考公務員，可是面對一次次的淘汰，自己對自己產生了懷疑，同樣放棄了。

很多夢想不是被扼殺在搖籃，而是被路上的挫折慢慢折磨殆盡，沒有成就感的人生，真的很喪氣。成就感真的這麼

重要嗎？它到底能給我們帶來什麼呢？

站在起跑線的我們，都是滿懷雄心壯志的，但是在奔跑路上，我們難免會因為疲憊和體力不支產生放棄的想法，此時一點小小的成就感就能讓我們原地復活。當我們看不到未來的方向，一點成就感就是一盞指路的明燈，點亮未來。我們仰望夢想高峰，卻發現山頂遙不可及，成就感就是山坡上的大本營，讓我們歇歇腳，補給能量繼續前行。

成就感是人生路上很重要的存在，因此別讓成就感來得太晚了。

舉個很簡單的例子，為什麼有的人可以嗑瓜子嗑半天不覺得累呢？因為他們很快就獲得了報酬，吃到了瓜子，這就是成就感。這種成就感一直存在，所以他們能一直嗑下去。

那我們要怎麼做才能快速獲得成就感？

「嗑瓜子哲學」告訴我們，可以設定一個短期目標，也可以把大夢想分解成一個個小目標。完成一個小目標就離大夢想更近了一步，這樣你還會覺得夢想可望而不可即嗎？

在東京馬拉松邀請賽中，一位不起眼的選手山田本一卻爆冷獲得了那次比賽的冠軍。記者問他：「為什麼你會獲得第一名？」他非常驕傲的說了一句：「我不僅有體力，我還有智慧。」

兩年後，他代表日本參加義大利的馬拉松邀請賽，這一次他又獲得了冠軍。這一次，記者問了他相同的問題，他回

答了相同的答案：「我不僅有體力，我還有智慧。」

　　他的這個答案一直讓人摸不著頭腦。直到山田本一在後來的自傳中揭開了謎底。他是這樣說的：「每次比賽之前，我都會事先把路線熟悉一遍，並把沿途比較有代表性的地標記下來，比如第一個是超市，第二個是加油站，第三個是一棟有特色的房子……就這樣一直記到比賽的終點。當槍聲一響，我就奮力向第一個地標跑去，等到達第一個地標，我又接著向第二個地標進發。40 多公里的賽程，我就這樣分成一個個小的目標，輕鬆完成了。我剛開始參加比賽的時候，還不懂這個道理，一直把注意力放在終點，所以我很快就耗盡了體力，支持不下去了。」

　　因此，讓自己的成就感來得快一點吧，不要等筋疲力盡了才發現自己需要成就感的加持。不要讓自己半途而廢，更不要讓夢想剛起航就擱淺。

行動在前，成就在後

　　詩人約翰・米爾頓（John Milton）有一句詩讓我印象非常深刻：「只是站立等待的人也能有所得。」這句話值得人細細體會。但是，現實生活中，真正有所成就的，是那些積極行動的人。

　　成就感不會自己找上門，只有行動起來，才會獲得成

功。我們要主動，才能抓住曇花一現的機遇。也許你有一萬種方法告訴全世界你有多優秀，但是只有一種方法能真正讓你變優秀，那就是行動。想讓別人認可你，就付出行動吧，在行動中獲得真正的成就感。

假設你的目標是參加明年的馬拉松大賽。如果你沒有任何準備，想著在比賽前練習幾天就去跑完全馬，那肯定是不實際的。那到底該如何準備呢？我們可以先從短跑開始，這個星期先跑 5 公里，下個星期 10 公里，幾週後，你就可以跑得更遠了。

我們也可以透過同樣的方式來實現自己的目標，找到成就感。誰都想看到自己的努力馬上有收穫，但這是不可能的。聰明的人會把大目標細分成一個個小目標，這會讓成就感來得更快一點。

比如，你的目標是轉行，那你就要學習一些相應的技能，也許是參加某個課程，也許是向身邊專業的朋友請教；如果你的目標是開一家小店，那麼你從現在開始就要學習一些管理的知識了；如果你的目標是在鄉下買一棟房子過安靜的生活，那你就要開始存錢了，除此之外，你還應該想想搬到鄉下後該如何維持生計。

話說回來，不管目標是什麼，你都應該先列一個目標清單，把腦海裡的每一個想法都記錄下來。然後從中選擇一個現在就能做的，付諸行動吧！

　　如果你真的開始行動了，那麼恭喜你，你離成就感又進了一步。如果你現在還沒開始，也不要懊惱，因為你可能還沒做好準備，你希望厚積薄發，讓奮鬥之路更順暢一點。

　　實際上，給自己設定一個目標和列清單只是一個良好的開端，光做到這些是遠遠不夠的，以為成就感是行為的結果，而不是意願。很多人意願是好的，比如「我一定要減肥成功」、「我明年一定要升遷加薪」、「我一定要考上公務員」、「我希望明年能買房子和女朋友結婚」⋯⋯這些意願都是好的，但是只有把意願變成行動才是重點，否則永遠都是紙上談兵。大部分都在空等成就感到來，殊不知成就感是緊跟著行動的。

　　我們在付諸行動的過程中難免會出現恐懼心理，這時我們該怎麼辦呢？沒關係，大膽前進吧，越行動越勇敢。哪怕只是一點點進步，這些成就感都足以把恐懼情緒扼殺在搖籃裡。不停這樣做，很多小小的成就就會逐漸鋪平一條通向成功的康莊大道。有一點我們要謹記：剛開始，我們或許會心虛，沒自信，但是這一步一定要跨出去，才能有所改變。

　　如果你想減肥，但是健身會員卡下週才生效，那麼這週總要做些熱身運動，以免到時候龐大的運動量身體吃不消；如果你打算下半年跳槽，那你現在就應該把履歷拿出來，看看有什麼要修改的，順便審視一下自己還有什麼技能需要學習。

　　立刻開始行動才是重點。你開始得越早，成就感來得就越快，當你真的開始做了，你會發現焦慮情緒並沒有剛開始那麼重了。甚至到後來，你會開始享受這個過程，為自己又多堅持了 5 分鐘而「沾沾自喜」。

　　是的，哪怕只是堅持了 5 分鐘也要鼓勵自己。笑容是免費的，所以給自己一個明朗的笑容吧。就算在公共場合，即使表面風平浪靜，在心裡也要大聲歡呼，給自己一個大大的讚，因為你的第一個成就已經達成了。比如，當我完成一件工作時，我會在我的工作清單上打上一個大大的勾，並在旁邊蓋一個可愛的印章。聽起來特別幼稚是嗎？可這是我自己工作的儀式，這讓我很有成就感。

　　我們行動除了要迅速，還要注意有條理，有計畫。因為當你開始把意願轉變為現實時，你會更仔細思考自己應該怎麼做，也就是說，你會為了獲得成就準備得更充分。

　　去年，我去醫院做體檢，醫生對說我：「妳該減肥了，年紀輕輕的，就有 6 顆膽結石，還有脂肪肝的跡象，妳再不減肥，到時候生孩子都會有問題。」在醫生的「威脅」下，我替自己制定了一個減肥計畫。

　　我規定自己每天去公園快步走 1 個小時，然後做三組深蹲，做三天休息一天。為了讓運動更愉快，我在手機裡特地建了一個運動歌單。為了讓自己能堅持，以 2 公斤一個標準，每瘦 2 公斤就給自己一個小獎勵，可以是一支口紅，也

可以是一件衣服。一個月下來，我成功瘦了 5 公斤，非常有成就感。

多花一點時間在追究執行細節上，最後的結果會大不相同。曾經有專家做過這樣一項研究。他們把學生分為兩組，讓學生寫一篇論文，規定當週週五交，可是時間到了，A 組只有不到三分之一的學生按時交了論文，但是 B 組九成以上的學生都按時交了論文，這是為什麼呢？

原來，專家讓 B 組的學生制訂一個具體的計畫，在這個計畫裡，包括什麼時候查資料，什麼時候整理資料，什麼時候出草稿，什麼時候完成。在這樣詳細的計畫下，同學們幾乎都按時完成了論文。

其實道理很簡單，如果你想儘快達成目標，獲得成就，你不僅要思考目標的內容，還要思考如何達成目標，也就是定計畫，我們可以透過一個簡單的表格來讓自己的計畫更清晰：

目標	實現方法	行動人	發生地點	完成時間
行動1				
行動2				
行動3				

表 行動計畫

舉個簡單的例子，陳偉剛剛向女朋友阿嵐求婚成功，他決定今年把創業借的錢還清，明年買房和阿嵐辦婚禮。於是他替自己制定了這樣一個計畫：

目標	實現方法	行動人	發生地點	完成時間
研究如何還錢	和朋友商量具體的還錢時間以及能不能把利息降低一點	陳偉	家裡的書房	週末休息時
做調查研究	向朋友請教計畫如何實施	劉強，因為劉強考慮問題很理智	在家	週五晚上，請劉強到家裡來吃飯，飯桌上討論
做調查研究	上網查資料，看看能不能更好的運用信用卡	小珍，小珍是銀行職員，對各項政策很熟悉	餐廳	週日，請小珍吃飯
減少開銷	做一個預算，精確的計算出我每週的開銷	陳偉	在家	週末

表 陳偉的計畫

其實做計畫很簡單，我們只要按照下面幾個步驟來就可以了。

步驟1：把你的目標分解成若干個小目標，填寫在「行動」欄中。

步驟 2：把每一個「行動」細化，比如在「行動」欄中寫到「運動」，第二欄你可以再寫具體一點，比如要做哪些運動，每組運動多少個等等。

步驟 3：看看有沒有人能夠協助你完成計畫。比如「運動」這一項，你辦了一張健身會員卡，可以向健身教練請教如何更科學的運動。

步驟 4：想一想你要在哪些地方展開你的行動。是在公園跑步訓練？還是去健身房和大家一起跳操練舞？

步驟 5：替自己設定一個完成期限。可以是一週，也可以是一個月，但是每個小目標期限不宜太長，幾天即可，不超過一週。

現在，你的計畫就制定完成了。接下來要做的就是把它放在顯眼的地方，時刻提醒自己要去執行，只有執行起來，做到了既定目標，才會收穫成就感。

別讓你的心態，毀了你的成就

當我們面對失敗時，不要總是用沮喪的心情來面對，這個世界上沒有絕對的失敗，當我們把失敗當成浮雲，一笑而過的時候，我們就會發現，原來柳暗花明又一村。

誰不希望自己的人生是一條平坦又明亮的康莊大道呢？但這只是美好的想法罷了。有的人經歷了失敗，站起來向前

看了看就放棄了；而有的人卻越挫越勇，即使前途荊棘滿布，也不曾放棄，最終獲得了傲人的成績。後一種就是我們所說的「成功人士」，回頭看看他們的人生軌跡，我們會發現，失敗幾乎是他們的家常便飯。

有一家公司的負責人在和客戶做生意的時候，主動承擔了 3,000 元的損失，當時所有的員工都覺得他沒必要這麼做，可就是這樣一個「沒必要」的舉動，為他帶來了 30 萬元的新業務。

起初，A 客戶向這家公司訂購了一批辦公室淨水機，交易金額為 5 萬元。各項手續都辦好後，負責人將淨水機運送到 A 客戶的公司。但是沒想到 A 客戶在收到淨水機後表示有部分設備出了故障，無法使用，要求公司無條件退貨。負責人遂派人去 A 客戶的公司調查情況，原來，這部分淨水機是 A 客戶安裝失誤，出現了故障，要修好需要 3,000 元，A 客戶不想承擔責任才要求退貨。在員工看來，這就是 A 客戶在無理耍賴。可是負責人並沒有生氣，而是冷靜的思考了一番，他覺得這件事情還有轉機，因此決定承擔所有的維修費用，馬上派維修人員進場，直到客戶公司滿意為止。

後來，A 客戶的合作夥伴也需要一批辦公室淨水機，A 客戶第一時間就推薦了這家公司，那位合作夥伴一次就訂了 30 萬元的淨水機。

我們試想一下，如果這位負責人得知 A 客戶推卸責任後

大發雷霆，馬上找 A 客戶理論，一點虧都不能吃，那麼會有後來的 30 萬元「大紅包」嗎？負責人面對失敗的心態非常淡然，他的目光非常長遠，所以他得到了更大的報酬。

俗話說：「吃虧得教訓，人才變聰明。」因此，當我們面對突如其來的失敗，不妨抱著「吃虧得教訓」的心態來面對。其實，遭遇失敗並不可怕，從失敗當中我們也能學到很多人生經驗，這些都是在普通的生活中經歷不到的。

比如上司安排的工作任務太繁重，我們拚盡全力也沒有做完，最後被上司說沒有創造價值，被辭退，那明天的房租和生活怎麼辦呢？但是，我們只要換一個思路，調整好心態，眼前的景象就不一樣了：上司之所以安排那麼重的任務給我，是因為我能力強，他炒了我魷魚是他沒眼光。以我的能力，下一份工作一定更好。失敗不是一件壞事，但我們面對失敗時，要謹記「塞翁失馬，焉知非福」的道理，然後想想有什麼辦法可以化喪氣為福氣。

除了要樂觀的面對失敗，對年輕人來說，還需要學會正確排解工作中的負面情緒。

阿強剛剛進入職場時有些心高氣傲，覺得自己知名大學畢業，又是優秀畢業生，又是學生會幹部，進 500 大企業應該沒有問題。然而他沒有工作經驗，大公司不要他，可他又不想「屈尊」去小公司歷練，看著身邊的同學朋友都找到了工作，阿強的處境變得很尷尬。

別讓你的心態，毀了你的成就

　　朋友們紛紛勸阿強放低身段，先到小公司提升自己的能力，等累積了一定的經驗後，才有進入大公司的本錢。

　　阿強反省了自己，意識到自己眼高手低的錯誤。經過深思熟慮後，阿強到一家公司當軟體測試人員。剛入職的時候，公司正在趕專案，大家都忙得如火如荼。主管出差去和客戶確認專案細節，根本沒人管他，一連好幾天，阿強都像是個隱形人。

　　有一次午休時，專案組長碰到了阿強，問他這幾天感覺如何？阿強有些沮喪，向組長抱怨沒人安排任務給他，他覺得很無聊。

　　組長對他說，因為大家都在為這個專案趕進度，恨不得一個人拆成兩個人用，要他再熟悉一段時間。剛踏入社會，很多年輕人的心態並沒有調整過來，還沒有意識到公司和學校是有本質的區別的，同事不會處處護著你。你要告別被動學習，主動融入到群體中，和組長聊完以後，阿強豁然開朗。每次專案組開會時，他把大家的發言都記錄下來，主動向前輩請教，還在業餘時間把大學學的知識又鞏固了一遍。阿強的改變大家有目共睹，他漸漸獲得了同事的認可。

　　我們在工作中，難免會有一些情緒，抱怨上司安排的工作太多，抱怨同事難相處。可是抱怨完了呢？眼前的情況並沒有改善，那些委屈只是你內耗的後果。我們要學會及時調整自己的情緒，不要讓壞情緒搞砸了你的好工作。

　　剛到 A 城市時我認識了林東，他在業界一家小有名氣的公司裡做著和我一樣的工作。有一天我問他，你怎麼不試著往前走走呢？

　　林東很無奈，他說：「雖然我們公司發展得不錯，但是我能力有限，就我這個位置還是家裡有關係才保住的。我也想升遷啊，但是每次只能看著別人升遷。」

　　林東一邊抱怨，又一邊後悔，我看著他這樣心裡也很不是滋味。大部分情況，我們的痛苦是來自於對自己無能的悔恨。當初求安穩，於是一步步陷入安穩的漩渦，最後拖累了自己。

　　什麼才是真正的穩定？不是拿著死薪水過著「明日復明日，明日何其多」的生活，而是要不斷獲得新技能，讓自己能創造更多收入。

　　後來，我認識了一位圈內前輩。網路平臺剛剛興起時，由於好奇心驅使，他也開通了一個帳號，在業餘時間寫寫文章發給大家看。

　　剛開始追蹤文章的人只有身邊的朋友，閱讀量勉勉強強達到三位數。他從沒想過要透過這個平臺獲得什麼利益，所以他只享受寫作的快樂，追蹤人數什麼的都是浮雲。

　　每天下班後，當別人都在玩線上遊戲、同事聚會時，他還要去上寫作課。他規定自己每天都要發一篇文章，每個月至少讀 5 本書。雖然很忙碌，但是很充實。

有一天，他像往常一樣登入平臺，卻發現自己寫的一篇文章閱讀量竟然達到了十萬，一下漲了好幾萬粉絲，廣告商、出版社紛紛上門求合作。

體會到了成功的喜悅，他重新對自媒體行業進行審視，決定就以自己獨特的視角對社會現象進行評論，後來，陸續寫了一些迴響不錯的文章。

有一天，和這位前輩一起吃飯，前輩說了一些話讓我受益匪淺，他說：「公司為你提供施展的平臺，只是暫時的，不是最終的歸屬。當你的能力達到一定階段後，你要學會把自己打造成一個品牌。」

透過努力，前輩把自己打造成了一個有口皆碑的品牌，相對於公司來說，別人更看中他本身的價值。如果你明白了這一點，你會比別人努力得更有方向，獲得更多的成就感。

如何看待一份工作也從側面反映出你如何看待你的人生。如果敷衍了事，你這一生也不會有多大的成就。

成功人士就是成功人士，有一種普通人難以達到的精神，我們只要從中學習一點點精華，就能對我們的工作和生活產生極大的影響。但我們有了這些精華的滋潤，再度面臨挫折時，就不會一味的唉聲嘆氣了。挫折雖然讓人難受，但是只要我們及時調整好心態，就能扭轉乾坤，為自己打造一個光輝燦爛的世界。

第 2 章
「每年，我都有 365 天想辭職」

　　工作是我們成長路上不可缺少的一部分，在工作上遇到的挫折，交到的朋友，收穫的快樂，都將成為日後回憶的下酒菜。腳踏實地才能聚沙成塔，成就更好的自己。請記住：夢想就在前方，路就在你腳下，堅定目標，每天進步一點點沒有什麼不可能。

為什麼工作越來越累，成就感卻越來越低

你一定有過這樣的感覺吧，工作越來越多，要做的事情越來越雜亂，人越來越累，但是成就感卻越來越低。

有一個電視節目讓我印象很深，某一集的主題就是「成就感」。

梁文道說，有很多人問他為什麼能獲得今天這樣的成就，他的祕訣是什麼。但是他自己並不覺得自己成功，甚至沒有一點成就感，如果非要說一點的話，那就是自己運氣比較好。他說自己的成功不是靠努力，不是靠天分，而是靠自己的運氣。

接著，許子東給了觀眾一個公式：成就感＝能力／理想。分子是能力，分母是理想。比如你的理想是 50 分，能力也是 50 分，那你的成就感就是 1，成就感很高。當你的理想達到 100 時，你的能力還是 50，那你的成就感就只有 0.5 了，這時你會感到挫敗。

竇文濤接著問來賓：「我們今天的話題是成就感，你們自己有過成就感嗎？」

馬家輝的話讓我印象深刻，他說：「我今天坐車來現場挺順利的，這讓我挺有成就感的。我這樣說不是故意搞笑，而是我知道成就和成就感是不一樣的概念。成就感的基礎是滿足感，當你內心感到滿足了，你自然會有成就感。文濤說他覺得自己做的節目很失敗，沒有成就感。但是對於我來

說，我一個連話都講不清楚的人，要做到這個水準，我想都不敢想。但是沒用，我很滿足，但是你不滿足，因為那是你在做的事情，你之所以沒有成就感，是因為沒有滿足感。」

我很同意這個觀點，沒有成就感，是因為我們的內心沒有得到滿足。

其實，人們的異化也是導致成就感很低的原因之一。

現在很多年輕人對工作不滿意，很多社會調查顯示，一半以上的人談到對工作不滿意的理由都會說，沒有成就感。也有人對自己的評價很低，以至於走上人生的絕路，原因也是覺得自己這一生沒有任何成就感。

卓別林（Chaplin）的《摩登時代》（*Modern Times*）有這樣一個情節，他去當流水線上的工人，他都不知道自己生產的是什麼，就知道轉螺絲，一天八小時唯一的工作就是轉螺絲，最後轉到了別人的胸口上。

這就是我們說的異化，簡單來說就是，當你被工作變成一個環節或者一個工具的時候，你的成就感就被削弱了，甚至沒有成就感。

但是我們可以透過調節來讓自己獲得成就感。

比如全家人都要靠你一個人養活，你就是家裡的頂梁柱。你的薪水可以給年邁的父母養老，可以和朋友出去聚會，但是家裡的其他人卻做不到，那你可以在他們身上找到成就感。此時成就感怎麼定義，就看你自己了。

　　現代人有一個基本的價值觀，這個社會好不好要看能不能把人的價值發揮到最大，但是要實現這一點很難。因為一個人年輕的時候，還不知道自己的潛力有多大，不知道自己能做什麼，因此他沒辦法去嘗試。比如有人想，我還沒當老闆呢，我還沒成為畫家呢，我沒成為歌手呢。

　　這個時候該怎麼辦呢？很簡單，調節自己的能力，就是在理想這個「分母」有限的情況下，提高「分子」能力的占比。這個能力包括自己的努力、運氣、天賦等等。我們並沒有改變理想，我們只是在實現理想的道路上不斷提升自己的能力，因此，我們的成就感會越來越多。

　　但是，當一個人經歷了大風大浪、人生起伏後，他已經知道自己的能力有多大了，不會再有什麼提升的空間了。這個時候想要讓自己依然獲得成就感，只能縮小理想。比如你的理想原本是周遊世界，可是現在體力跟不上了，縮小成周遊全國也不錯。根據許子東的成就感公式，這就是在能力不變的情況下，理想越小，成就感就越大。

　　年輕的時候調節能力，年老之後調節理想，讓成就感公式一直保持在平衡的狀態，你就不會太失落。

　　說到這裡，我想起我的朋友徐莉。她在準備碩士在職專班考試的時候心急如焚，每次和她見面，都能明顯感到她又蒼老了許多。有一次我問她為什麼，她說：「我現在特別焦慮，我害怕我考不好，我明明已經複習了這麼久，但是一點

成就感都沒有，萬一我落榜了豈不是很丟人。」

我把許子東的成就感公式告訴了她，我對她說：「妳可以考慮把自己的目標稍微縮小一點。妳想考到國立大學去，可是對自己的能力不放心，為什麼不選個私立的大學呢？私立大學的這個科系也很有名。在妳能力已經滿格的情況下，適當縮小自己的理想，成就感不就變大了嗎？」徐莉聽了我的建議，換了一個目標，成績出來的時候，她果然考上了。

生理上的滿足感和快感與成就感不一樣，滿足感和快感靠你自己就能完成，但是成就感卻需要一個客觀的標準來鑑定。比如徐莉的成就感來自於她考上了研究所，考上研究所就是鑑定標準。

「每年，我都有 365 天想辭職」

在職場中，有的人壓力極大，有的人焦頭爛額，有的人隨波逐流，有的人四處碰壁，就是很少有人有成就感。

前不久，有一份調查報告顯示，現如今年輕人在一家公司待的時間越來越短，這一問題引起廣泛關注。我在身邊的朋友中，也常常聽到這樣的抱怨：「每年，我都有 365 天想辭職。」

朋友小真打電話向我抱怨老闆：「真是無語了，自己什麼事情都不管，我們做完事情他也不看，最後出了問題又來

找我們，真是個怪咖，真不想做了。」

　　小真已經換了好幾家公司了，她跟我說，這是她待的時間最長的一家公司。我感到汗顏，因為這家公司她才入職 5 個月。為什麼我們的存款餘額「常含淚水」？因為我們對跳槽愛得深沉。

　　如果可以做一份自己喜歡的工作，在工作中找到樂趣，那肯定是一件非常有成就感的事情。那麼，我們應該如何找到工作樂趣呢？其實很簡單，以下六點一定能幫助你。

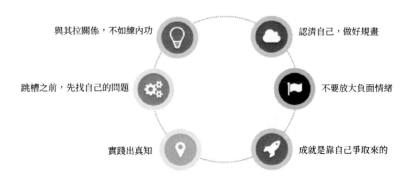

與其拉關係，不如練內功　　　　認清自己，做好規畫

跳槽之前，先找自己的問題　　　不要放大負面情緒

實踐出真知　　　　　　　　　　成就是靠自己爭取來的

圖 如何在工作中找到樂趣

　　第一，與其拉關係，不如練內功。

　　在職場中，總會有些人喜歡攀關係、走捷徑，希望透過這種辦法儘快獲得自己想要的一切。可是，那些真正成功的人，都是靠自己腳踏實地走出來的，他們的寶貴經驗，是走捷徑的人無法體會的。靜心修練內功，一步一個腳印才是上上策。

俗話說：「靠山山倒，靠人人跑，靠自己最好。」自己的命運還是要掌握在自己手裡，就算你半路摔倒，朋友和家人也只能把你扶起來，陪你走一段，但不會陪你走一輩子。

與其拉關係，不如練好自己的內功；與其走捷徑，不如讓自己成為真正有能力的人，這樣才有自信迎接即將到來的成就。

第二，跳槽之前，先找自己的問題。

也有部分人希望透過跳槽來達到自己升遷加薪的目的，但是到最後才發現，就算換了個環境，該面對的問題還是不能逃避。

這些人跳槽的理由也是五花八門，薪水太低、前景太差、老闆太煩、同事太難相處……他們會把跳槽的根源都歸結到別人身上，忽視自己的問題。所以，就算他們跳槽成功，當在新公司遇到相同的問題時，依然會選擇跳槽。

所以在跳槽前，我建議大家先在自己身上找找問題。如果是自己的問題，就要先調整自己的心態，提高自己的工作能力。如果是職場不合適，那你應該先替自己做個簡單的職業規畫，明確自己的定位，找到換工作的最好時機。除此之外，你也需要弄清楚自己目前對工作的不滿情緒是否客觀。

第三，實踐出真知。

如果你問一個從沒吃過番茄的人「番茄好吃嗎」，他是沒辦法給你答案的，因為他沒有嘗試，他既不能說喜歡，也不能說不喜歡。

　　對於那些沒有職業規畫，又不主動了解情況的人來說，也是這樣。有的人希望自己能馬上找到一份錢多事少離家近的工作，但是我們忽略了只有讓自己去嘗試、去體會才能得到最真實的答案。

　　有部分朋友從未實踐過，僅憑自己的想像就斷定這份工作不好，這是非常不可取的。光靠等待，機會是不會找上門的。與其糾結這份工作到底適不適合自己，不如先行動起來，調整好自己的心態多去嘗試，時間才能出真知。

　　第四，認清自己，做好規畫。

　　一輛車，即使性能再好，如果不定期保養，補充能量，也會老化。對我們來說，「能量」就是職業目標，前行的動力。

　　有的人喜歡根據自己的興趣選擇從事的行業，但是卻忽略了職業本身的意義——你為什麼想從事這個行業？你想為這個行業創造什麼價值？如果你長期做不到你定下的目標，就會讓自己產生牴觸情緒。

　　那麼現在問題來了，找工作時，是選擇自己喜歡的？還是選擇前景好的呢？要解決這個問題，我們要先替自己做個事業規畫，弄清楚自己真正想要的是什麼。是高薪，還是想實現自己的價值？只有明白了自己想要什麼，才能搞清楚自己這輛車到底是因為本身引擎有問題，還是能量不夠。

　　如果是因為在這個職位待的時間太久了，漸漸喪失了工

作熱情，不要只想著辭職，而是想辦法為自己加滿油。

第五，不要放大負面情緒。

網路上有一句流傳很廣的話：「如果你不能接受我糟糕的一面，也不配擁有我最好的一面。」我們對待工作也是這樣。世界上沒有完美的工作，在工作的過程中，肯定會有讓你滿意或者不滿意的地方。我相信沒有人會替自己的工作打100 分。

透過調查顯示，現階段，對工作不滿的人的數量，比滿意的數量高出許多。但事實上，這個滿意度和工作本身並沒有多大關係。一位年薪百萬的高階主管可能對工作不滿意，但是一位薪水普通的職員也許對自己的工作很滿意。

所以，當你對工作產生負面情緒時，不要放大情緒，首先要找到問題的根源在哪裡。是同事很難相處？還是上司管理太差勁？還是覺得這個行業沒有前途？等等。

第六，成就是靠自己爭取來的。

當我們看到別人的成功時，會情不自禁的感嘆：「運氣真好啊！」然而，運氣是一件低機率事件，你只看到別人的好運的一面，卻沒看到在好運的背後別人碰過多少壁。與其等待運氣，不如自己去創造運氣，成就是靠自己爭取來的。

要做到這一點，最重要的是要把自己的本職工作做好，在這個基礎上，每天多進步一些，為自己爭取機會。同時，當主管交給你新的任務時，要提前做好準備工作，比如完成

工作的過程中會不會出現突發狀況？出現什麼突發狀況？該如何應對？最後，把自己的狀態調整到最好，相信成就離你不遠了。

古人云：「福兮禍所依，禍兮福所伏。」一個人獲得好運的同時，也會遭遇不幸和失敗。但人生總是起起伏伏的，不用太在意眼前的插曲和別人的看法。想得太多，最後吃苦的還是自己，不要因為一次挫折就停下腳步，堅持和熱情一定會讓你有所成就。

工作是我們成長路上不可缺少的一部分，在工作上遇到的挫折，交到的朋友，收穫的快樂，都將成為日後回憶的下酒菜。腳踏實地才能聚沙成塔，成就更好的自己。

堅定目標，每天進步一點點

我們為什麼要替自己設定目標？因為有了目標才有奮鬥的方向，才能讓人生過得更有意義。定目標就像是在自己前方立了一個射擊靶，當我們正中紅心實現目標時，我們會非常有成就感。對大多數人來說，實現目標的過程就像是一場比賽，隨著時間的推移，收穫越來越多，思維和工作方式都會發生變化。

曾經有這樣一個實驗，研究人員在魚缸中放了一塊玻璃，把一條凶猛的魚和另外一條小魚隔開。起初，這條凶猛

的魚一直想圍捕小魚並把牠吃掉，可是由於多次撞擊到玻璃失敗後，凶猛的魚終於放棄了。接著，研究人員拿走了擋在中間的玻璃板，兩條魚老實待在各自的活動範圍相安無事，凶猛的魚也不會攻擊小魚了。

人類也是慣性動物，目標受限也會阻礙我們的發展。因此，當我們年輕時，應該不斷嘗試新鮮事物，發現自己的可能性，找出自己真正喜歡的事情。只有這樣，我們才能過一個快樂且充實的人生。

趙亮是一位業務員，業績也做得不錯，但是他一直都想再進一步，成為高階業務經理。但是在嘗試的過程中，他屢屢失敗，甚至到最後否認自己曾經獲得的成績，覺得自己不適合這個行業。於是他開始得過且過，之前鬥志滿滿的趙亮突然變得非常「佛系」，客戶都送上門了，他也不爭取，合約愛簽不簽；公司的獎勵制度也不看，反正升遷無望，每個月的考核達標就行了。直到有一天，一位很看重趙亮的上司對他說了這樣一段話：「如果你想實現自己的目標，就讓這個目標更明確一點，總會有實現的一天。」趙亮受到了啟發，開始做出改變。

他把公司的獎勵制度認認真真的研究了一遍，當月他為自己設定了一個業績目標，然後逐月增加，下個月成長3%，再下個月成長5%，到年底，他的業績竟然比上半年翻了一倍。這激發了趙亮的鬥志。從此不管什麼情況，不管業

務大小，他都為自己定下一個目標，並且規定完成時限。

趙亮說：「我感覺目標越明確，我越有鬥志完成它，我的目標包括這個月要拿多少獎金、下個月的獎金要比這個多拿多少、我要提升哪方面的能力等等。」接著，他把所有的準備都做得非常充分，終於在第二年成功升遷為高階業務經理。

在公司週年慶上，趙亮作為優秀員工發言時他說：「以前，我也想過要提升業績、升遷加薪，但是經過幾次失敗後，我放棄了，我發現不是我不努力，而是我的目標不夠明確，像無頭蒼蠅一樣亂撞。自從我設定了目標，為自己規定明確的完成時間後，我發現我渾身充滿了鬥志。總之，給自己樹立正確的目標是非常有必要的，基於目標之上的動力和熱情會讓我們的人生變得更有成就感。」

因此，在我們的人生路上，也需要給自己樹立一個明確的目標。要做到這一點其實很簡單，先認清楚自己，人不是獨立的個體，而是要從宏觀的世界來看自己所處的位置，並為自己設立一個更高的目標。我們都有目標，達到目標是我們成大事的第一步，而走好第一步的關鍵需要我們把目標具體化，這就是我們通常所說的變劣勢為優勢。

我們在思考人生時，追根溯源就是在思考我們想成為怎麼樣的人，這些思考進而構成了我們整個人生。如果我們不能正確認識自己和目標之間的差距，那麼目標還是目標，永

遠無法達成。我們只有明確的知道自己想要什麼，才有可能成功。

說到這裡，我想起了張涵予的成名故事。在成名之前，張涵予還只是個配角演員，偶爾在一些影視作品裡跑跑龍套。雖然角色不重要，但是張涵予並沒有因為角色小就不重視，每一次機會都認真對待。可是跑龍套的時間長了，他變得有些浮躁，不甘心一直跑龍套的他也想演一些重要角色。這時一位老前輩對張涵予說：「一個人想要實現自己夢想，就要比別人付出更多的努力，人家做多少，你就要比別人多努力 10%，等累積到 100% 時，夢想自然會實現。」

聽了這位前輩的話，張涵予明白了其中的道理。後來，不管是什麼角色，他都嚴格要求自己，別人演 80 分，他就要演 90 分，別人演 100 分，他就要演 110 分。就這樣，在 2008 年時，憑藉自己的努力，他拿到了一部電影的男主角的角色，並且憑藉這一角色橫掃當年電影節，成為新科影帝。

張涵予的成功告訴我們：「每次比別人多付出 10%，成功就會離你越來越近。」

有了堅定的目標，即使沒有讓你好乘涼的大樹也不要心慌，沒有助攻支援也不要氣餒，遇到小小的失敗也不要喪氣。只要我們每天都有進步，每天比別人多進步一點點，時間長了，這些「踄步」也會讓你抵達千里之外。

我們都聽過這樣的公式：0.99 的 365 次方大約等於 0.3，

但是 1.01 的 365 次方卻大約等於 37.8。我想把這個公式送給每一位讀者。馬上行動吧，雖然我們的目標不一樣，但是奮鬥才能實現夢想是亙古不變的真理。別人一天學 8 小時，你每天學 9 小時，一年下來你就比別人多學了 365 個小時，這個進步就非常可觀了。

請記住：夢想就在前方，路就在你腳下，堅定目標，每天進步一點點沒有什麼不可能。

合理的自律讓生活更有成就感

不管是在生活中，還是在工作中，做好自我管理，都是一件特別重要的事情。我剛進入職場，參加新人培訓時，培訓師有句話讓我印象非常深刻：「剛踏入社會，進入職場的新人，最重要要做到四點——認清自己、規劃自己、管理好時間以及管理好情緒。」

簡單來說，就是要做好自我管理。經過這麼多年的職場奮鬥，我發現，做好自我管理不僅適用於職業生涯，對生活也能有所啟發。那麼，自我管理就是自律嗎？管好自己就行了嗎？當然不是。

有一天，朋友曉晨打電話跟我訴苦。她準備考公務員，幾乎每天都在為了這個目標奮鬥。甚至辭職，在家專心準備考試。平時都是她丈夫起得比她早，自從準備考公務員，她

不到六點半就起床了。丈夫不喜歡睡覺開燈，她就去客廳讀書。八點左右，她就下樓吃早餐，再接著回家背書。丈夫下班後，她連做飯都不放過，在櫥櫃上貼著便利貼背重點。

曉晨的生活除了考公務員以外好像就沒有其他事了。準備考試期間，她妝也不化了，街也不逛了，我叫她到我家來吃飯，她竟然推辭了。整天就待在家，可以說是一個非常自律的人了。

但是那天，她對我說：「我好害怕自己幫別人當炮灰，落榜了啊。」

我安慰她：「怕什麼，付出一定會有回報的，妳別太緊張了。」

曉晨繼續說：「可能我還做得不夠好吧，人家哈佛大學的高材生，還熬夜看書呢。我不多努力點，還有希望嗎？」聽到她這番話，我十分無奈，只好提醒她要注意身體，不要因小失大。

後來，曉晨因為熬夜過度，昏倒在家裡，她的丈夫不得不強制性要求曉晨放棄這次考試，先把身體調理好。

聽到這個消息，我為曉晨感到難過。她原本有機會藉由考試，讓自己擁有成就感的，可是她付出了這麼大的代價，和成就感失之交臂。

小妹菲菲在看了一篇關於自律的網路文章後，深受鼓舞，發誓一定要脫胎換骨，改變自己。於是，她規定自己每

天七點起床去公園跑步，一個星期讀一本書，每個月要減掉五公斤體重。看著自己的計畫，菲菲熱血沸騰，以為光輝燦爛的人生唾手可得。

第一天，她睜開眼睛的時候已經九點了，鬧鐘響了好幾遍都沒聽到。

第二天，她把鬧鐘的聲音調到最大，又多設定了三個鬧鐘，在一遍又一遍的「奪命呼叫」中，菲菲睜開迷濛的雙眼，關掉鬧鐘，又接著睡去。

第三天，她終於起床了，可是整個人猶如一灘爛泥，歪倒在沙發上，一點活力都沒有，看來，這天的計畫又泡湯了。

這樣的狀態讓菲菲越來越煩躁，形成了惡性循環，最後她乾脆徹底放棄了，連基本的自律都沒做到。

真實的菲菲，每天睡到 10 點才起床，對訓練一點興趣都沒有，稍微走快點都會氣喘吁吁，看書更是無稽之談，能少玩一會手機都是進步了。

這樣的她，怎麼可能一下子做到如此嚴格的計畫呢？更何況，自我管理從來都不是一蹴而就的事情。

我們的意志力是有限的，如果一開始就想著一步到位，做一個自律的人，反而會讓牴觸情緒來得更快。因為突如其來的改變會打亂我們原本的生活規律，打擊我們的積極性，讓我們疲憊不堪，導致最後放棄。

最近，大家特別鼓吹要做一個自律的人，但看到別人失敗，就會說：「肯定是因為他沒做好自我管理。」

沒錯，自律確實能說明一個人的能力，誰都想讓自己成為自律的人。但不知從何時開始，「自律」彷彿成了一個魔咒，好像不自律就是犯罪一樣。

真正的自律，是在身體健康的基礎上慢慢的養成某種好習慣。任何事情都要有分寸，自律也是一樣，如果揠苗助長，只會讓自己活得更累。畢竟，人生最重要的，不是壓榨自己，而是挑戰自己。

我們怎樣才能做到合理的自律呢？按照本節開頭培訓師的話做就好了——認清自己、規劃自己、管理好時間以及管理好情緒。

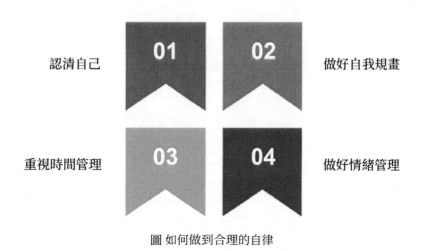

圖 如何做到合理的自律

　　首先要認清自己，人們常說我們最大的敵人不是別人，正是我們自己。曾經有這樣一個採訪，記者問路人你了解自己嗎？大部分人給出的答案都是肯定的，我相信你也一樣。我們總是理所當然的覺得自己是了解自己的，實際上，我們根本沒有認清自己。

　　比如，但我們執著於某一件事的時候，我覺得自己做的是對的，可是最後卻發現我們錯了。所以，大部分情況下，不是我們了解自己，而是我們在麻痺自己不去面對那些失誤。

　　真正的認清自己，是對自己的性格、特長、愛好、長處、缺點、人生目標、價值觀、個人能力、心理特質、未來規畫等等，能做出準確合理的評估，並以此來提醒自己要做什麼，當自己偏離軌道時及時把自己拉回來。

　　其次，要做好自我規畫。不管是職場高階主管，還是普通的上班族，都應該做好自我規畫。當今社會越來越多的人意識到了自我規畫的重要性，因為這樣不僅能讓自己的學習和實踐能力得到提升，還能讓自己的優勢更突出。在實現自己的目標時，可以準確清晰的分析目前的環境，讓工作和生活得到平衡。做好自我規畫，才更讓成就感來得更快一點。

　　第三要重視時間管理。網路上曾經有個提問：「如何才能做好時間規畫？」有一個最佳回答是這樣說的：「做事有條理，強迫自己關心那些重要的事情，但是不要盲目的開始

行動。」

我們從小就被教育：「時間就是生命，浪費時間就是浪費生命。」十分有道理，科學的時間管理確實能讓我們體會到時間的寶貴。

我們無時無刻不在跟時間打交道，那怎樣才能做好時間管理呢？其實生活中的一些小習慣就能幫助我們做到。比如把每件要做的事情寫在一張清單上，優先處理最難的事情；把那些沒有意義又耽誤時間的事情忽略；做事要有輕重緩急等等。合理安排好時間，也會讓我們的生活過得頗有成就感。

最後，我們還要做好情緒管理。在生活中，我們多多少少都會產生負面情緒，做好情緒管理，不讓負面情緒影響到周圍的人，就顯得很有必要了。善於管理情緒的人，EQ 會比其他人高。有哪些控制情緒的好辦法呢？

我常常會透過運動來排解負面情緒，想像自己汗流得越多，壓力就跑得越多，這樣想著，心情就會愉快許多。

如果你不喜歡運動，也可以找親密的朋友，訴說自己的煩悶，讓他們幫忙開導自己。負面情緒不能累積，越積越多，自己壓力也會越來越大。

最後，你還可以嘗試替自己換個環境，新鮮的環境會讓人轉變心態，心態好了，壞情緒自然一掃而光。學會控制自己的情緒，會讓自己的內心變得越來越強大。

你不會休息，就不會工作

不懂得休息的人，就不懂得如何工作，這一句話獲得了很多人的贊同。舉個很簡單的例子，一朵花的生長要經過播種、發芽、成長、成熟、開花、枯萎的過程，在這朵花剛剛長出一片葉子的時候，你不能要求它馬上開出花。在花朵生長的各個階段，它自然會表現出該有的特徵。

人類也是一樣，在我們的成長過程中會經歷出生、成長、發育、成熟、衰老、死亡的過程。但是人和植物不一樣的是，植物是沒有思維的，但是人類有，正是由於這一點，導致人類的思想意識不同。

我們會在自己思想意識的指導下工作，工作是每個人生命中不可或缺的一部分，但是如果不顧及自己生命的發展特徵，一味的以工作為導向，沉迷工作無法自拔，甚至把工作當成唯一目標，那就是對自己不負責任了。

程宇是一家大型科技公司的技術菁英，為了儘快做出成績，他每天把自己的工作安排得非常滿，甚至連上下班路上都不放過。在公司，大家每天工作 8 小時，程宇每天工作 12 個小時都不只。程宇覺得這樣抓緊時間，可以儘快完成任務。

剛開始，老闆分配下來的任務程宇確實是品質保證的完成了，有的任務甚至是提前完成。後來，程宇漸漸覺得有些

體力不支了。同事劉健知道程宇平時工作很累，就邀請他週末和部門其他同事一起去郊區自駕遊。程宇心想：這不就是浪費時間嗎，不行，還是工作最重要。於是拒絕了劉健的邀請。

劉健勸他這樣是不行的，身體會吃不消，程宇卻不在乎，他滿腦子裡只有工作。有一天，程宇突然暈倒在茶水間。

同事們把程宇送到醫院檢查，醫生對程宇說：「你的身體已經出現過度勞累的症狀，你應該好好休息一下，再這樣下去，你的身體就垮了。」醫生勸程宇，工作雖然很重要，但身體才是奮鬥的本錢，機器都有出故障的時候，何況是人呢？勞逸結合才能把工作做好。

程宇聽完醫生的勸告，又想起一些因為工作過勞死的新聞，心有餘悸。這才意識到自己對身體太不愛惜了，應該學會休息，才能更好的工作，獲得成就。

程宇聽了醫生的話，工作時全心投入，休閒時完全放鬆，從此程宇的業績又回到了當初名列前茅的水準，很快就升遷了。

我們不僅要會工作，還要會休息，勞逸結合才能提升工作的品質和效率。如果你只知道工作，到最後拖垮了身體，工作也沒做好，這不就是得不償失嗎？

也許你會說，就算我拚命工作，也不一定就會像程宇那

樣身體也垮了、工作也沒做好吧！但是「工作狂」們通常是不顧及自己的健康的，同樣，他們也不會理解那些從不加班的人業餘生活為什麼那麼豐富。在「工作狂」眼裡，他們就是在浪費生命，但是在那些懂得生活的人眼裡，「工作狂」們只是一個只知道工作，沒有朋友、沒有自我的可憐蟲。

他們會覺得你這種只知道工作而不顧身體健康的人很愚蠢，即使你真的因為有任務在身而加班，他們也不會相信你，因為平時都沒有交流，哪來的信任呢？

想要改變這一不合理的現象，你應該調整好工作和休息之間的關係，不能棄健康於不顧，更不能讓工作掌控你的生活，用健康為代價換來的一點虛名沒有任何意義。最能證明你自己的是高效能的工作，不是勞累的工作。努力讓自己成為一個能工作會休息的人，才能擁有一個有成就感的人生。

在這裡，我有一些小祕訣想分享給大家。當你在接受一項新的工作任務時，應該先考慮一下做這件工作要付出的時間成本和將要承擔的壓力，並根據自己的實際能力制定一個工作計畫，從簡單到複雜，逐漸增加自己的成就感。

其次我們要關注自己的工作價值，提前一天做好第二天的工作計畫，讓你輕鬆入睡，又輕鬆開始第二天的工作。

最後，我們可以採用「間歇性工作法」，簡單來說，就是工作一會玩一會。比如工作一個小時之後，可以休息 5 分鐘，看看新聞，泡杯咖啡等等。每完成一件工作，就在清單

上打個大大的勾，看著工作一件件減少，也是非常有成就感的事。

我們要時刻牢記，不能讓工作成為生活的全部，身體健康才是最重要的。經常和上司討論你的工作量、實際工作時間和你期望達到的效果，坦誠相待，做一個既會工作又會休息的人。

最難的事情最先做，一次做好一件事

在我們追求目標的過程中，常常會有一些不重要的事情分散我們的注意力，以至於讓我們偏離原本的軌道，走上一條錯誤的道路。為了防止此類事情的發生，我們應該要把我們做的事情排個序，最重要的事情最先做，這樣才能做得井井有條。

一位老教授即將退休，他來到教室為學生們上最後一節課。讓學生們非常疑惑的是，這次教授的講臺上放得並不是講義，取而代之的是一個桶和一堆石頭。教授說：「我已經把能教的都教給你們了，今天，我們來做一個小小的實驗。」

教授把石頭放進鐵桶裡，當鐵桶被石頭裝滿時，教授停了下來問大家：「你們覺得現在桶裡還能裝下別的東西嗎？」學生回答說：「不能。」

接著，教授又從講臺下面拿出一小袋碎石，倒在石頭

上，並晃了晃鐵桶，不一會，碎石滲下去了。教授又問大家：「現在這個桶裡還能裝得下別的東西嗎？」學生們的聲音有些沒信心了：「應該⋯⋯還可以吧⋯⋯」

教授說：「沒錯。」邊說著，教授邊從桌子下面拿出一袋細沙，倒在桶裡晃了晃鐵桶，只見沙子也滲了下去。教授又問大家：「現在呢？還能裝嗎？」學生們支支吾吾的回答：「還能吧⋯⋯」

接著，教授從桌子下面拿出來兩瓶水，他慢慢把水倒進桶裡。兩瓶水倒完了，他抬起頭微笑著問大家：「這個實驗說明了什麼？」一個男生舉手說：「說明就算我們平時時間安排得再充實，也能擠出時間做別的事情。」

教授說：「你說得很有道理，但是沒說到重點。這個實驗告訴我們，如果你在最開始不把石頭放進去，你就再也放不進去了，因為這個桶已經被碎石、沙子、水給占滿了。但是當你先把石頭裝進去，表面上看好像是沒了空隙，實際上還有空間。在你們以後的日子裡，不管是生活還是工作，都要分清楚什麼是石頭，什麼是沙子、碎石和水，把最重要的石頭先放進去。」

在我們的生活中，什麼是石頭，什麼是沙子因人而異。但是關鍵在於，我們要搞清楚自己的「石頭」是什麼，並保證最先處理它。

一個人是平庸還是優秀，往往就在這一件事情上。優秀

的人分得清輕重緩急，把重要的事情先做好。但是平庸的人眼看著做了很多事，但是沒有一件做在重點上。

我們每時每刻都在平衡時間和瑣事之間的矛盾，不管是人生大事，還是芝麻綠豆的小事，我們都要做好協調。我們經常會把重要的事情當成最緊急的事情，因此懷著忐忑的心情去處理，到最後，處理的結果並不理想。

有的人的確非常勤勞，也很有能力，但是他們陷入了一個誤區。他們覺得每件事情都很重要，每件事情都得完成，一下慌了手腳，結果這也沒做成，那也沒做成。實際上，真正重要的事情並沒有那麼多。

你可以同時處理很多事情，但是不代表你能把每件事情都做好。工作已經讓你焦頭爛額了，每天辦公室的生活就好像一齣古裝宮廷劇，處理好同事關係已經讓你心力交瘁，難免會把負面情緒帶回家。

我們可以把自己想像成一個沙漏。在沙漏的上一半，有一撮沙子。但是，誰都沒辦法讓所有的沙子同時從中間的孔裡掉下去。我們每天要做的事情就像這個沙漏裡面的沙，我們要一件一件的完成，就像沙子一點點從孔裡掉下去。這樣，我們既能把事情完成，又能保證生活秩序不被打破。相反，如果一心二用，就會導致事情沒做好，生活也是一團亂麻的結果。

在這個世界上，每天每個人的時間都是 24 小時。但是卻

有人可以在相同的時間裡，創造比別人多很多的價值，這是為什麼呢？答案很簡單，這些成功人士的所有精力都集中在一個目標上，他們一次只做好一件事。

孔子曰：「吾日三省吾身……」我們每天也能問自己三個問題：

①今天最重要的事情是什麼？至少預留出 4 個小時來處理，在這 4 小時內不受干擾，把注意力完全集中在這件事情上。②本週最重要的事情是什麼？在本週內至少預留出 1 天的時間處理這件事情，並確定截止時間，在這個截止時間前一定要完成。③本月最重要的事情是什麼？在本月內至少預留出 4 天的時間來處理這件事情，並且也要設定一個截止日期，提高自己的效率。

然後，把這些重要的事情進行分解，專注於重中之重。請大家記住，一次只能做一件事情。因為在不同的事情之間切換的成本太高，並且人類並不適合多線操作。

我透過總結自己的成功和失敗，發現了一個有趣的結果：每次當我收穫極大的成就感的時候，都是我非常專注的做一件事情的時候。

那些成功人士更加相信這一點，於是，他們把事情分好輕重緩急，先完成最重要的，再完成次要的，就像推倒西洋骨牌一樣，只要完成了最重要的那一件，剩下的事情就迎刃而解了。成就感是一點一點獲得的，腳踏實地，一步一個腳

印，一次做好一件事。

每天都有很多事情等著我們去做，不是每一件事情都很重要，也不是每一件事情都必須要做。我們必須在這些事情中，找到最重要的那一件。這樣，我們的目標就更加明確了。我們要把目標盡量縮小，聚精會神在這個目標上，就能收穫高效能生活。總而言之，一次只做好一件事情的人，才能領先於人。

獲得成就感的祕訣就在於專注做好一件事。你能多專注，能把這件事情做多好，決定了你能走多遠。在不同的目標之間來回切換，就很難聚精會神的做一件事。魚和熊掌不可兼得，我們要學會抓住對自己最重要的。在這個充滿誘惑、五光十色的世界裡，我們並不需要太多，只需要專注做好一件事，你就能獲得成就感。

管理好時間，就管理好了人生

前幾年，有一段影片在網路爆紅，紅了知名大學的學霸馬冬晗。這位學霸在校期間多門功課超過 95 分，更讓人驚訝的是她那排得像馬蜂窩一般密集的時間表。網友們不禁感嘆，「大明星也未必有她忙」、「我可能上了個假學」等等。

我當初看到這段影片的時候，也被嚇到了，然後決定也照這樣制定一個詳細的計畫。畢竟我們都知道，管理好時間

就等於管理好了人生。然而，我並沒有成功，反而被這張時間表害慘了。

在這張計畫表裡，我做的每一件事情都有精確的時間安排。最後的結果就是我壓力很大，好像不按照這個表執行就對不起自己一樣。不僅如此，我還要時不時盯著時間，生怕自己出一點差錯。

俗話說，計畫趕不上變化，一旦有什麼突發狀況，這張計畫就完全被打亂了。因此，我沒堅持多久就放棄了。難道我注定是個庸才嗎？天才和普通人的差距怎麼這麼大？我一度懷疑自己的智商。

後來一次和朋友的聚會，我才知道，原來，馬學霸的那張表不是計畫表，而是紀錄表。表格裡密密麻麻的都是她今天做的事情，就像記日記一樣。馬學霸不僅要對今天做出總結，還會對明天做一個簡單的計畫。這一次恍然大悟讓我明白，別人的方法不一定適合自己，我要根據自己的實際情況制定時間表。

對於管理時間，我們常常會進入一個誤區，以為時間管理就是把每一分每一秒都安排得明明白白，恨不得把 24 小時當成 48 小時來用。實際上並不是這樣，時間管理是要合理安排時間，讓重要的事情有充足的完成時間，讓自己更好的享受生活。

既然如此，我們該如何進行時間管理呢？

① 仔細分析自己時間的運用情況

不妨以半個小時為單位，記錄下自己每天做了些什麼事情。三、四天後，你會恍然大悟，為什麼你的工作效率這麼低，為什麼別人能做完的事情，你做不完。

② 把自己的生活目標列出來

你可以把你現階段的目標列出來。這裡說的目標，是全方位的生活目標，包括工作計畫、休閒計畫、學習計畫、運動計畫等等，一個充實、平衡的生活狀態，也能讓自己體會到成就感。

③ 按照事情的重要程度排序

這一點在前面的內容中提到很多遍，一定要分清楚事情的輕重緩急。請記得運用 80/20 法則，把 80% 的精力放在最重要的20%的事情上，再用這20%的動力，帶動剩下80%的事情。

④ 以一週為週期安排計畫

做計畫時，最好以一週為單位來安排要做的事情，這樣既不會時間太緊張，又能高效能的達成目標。

⑤ 安排好每天的生活計畫

當我們制定好一週的計畫，想要順利完成，還得安排好每天的任務。事情安排得越具體越好，比如「三小時完成企畫案」就很籠統，應該更細化，比如「40 分鐘查找資料，20 分鐘擬草稿，1個小時完成企畫案第一部分……」這樣就好多了。

⑥ **要善於利用身體自然的生理時鐘**

　　我們的身體有自然的生理時鐘，在不同的時間，我們的身體有不同的表現。如果能按照生理時鐘來，那就像借準了東風，事半功倍。

時段	適合做的事情	原因
上午9點到11點	企劃時間	這個時段我們的思考、組織、計劃能力最強，反應最敏捷，適合做難度比較大的企劃工作。
上午11點到中午12點	決策時間	我們的記憶力和體能在上午11點到達頂峰，而近中午時則是做出複雜決策的最佳時機，因此這段時間可以用來開會。
下午1點到2點	創意時間	在下午2點左右，我們的想像力最豐富，因此若要寫寫信，作作詩，或想些新點子，現在這個時段最理想。
下午3點到5點	整理時間	在下午3點，身體各功能都進入了一個疲憊期，最適合做些不太需要動腦筋的事情，比如回電話、打字、整理檔案等。不過值得一提的是，此時長期記憶力還不錯，所以用來複習外語、惡補新學習的工作技能等，是不錯的選擇。
下午5點到7點	運動時間	我們的體能在下午5點達到最高峰，反射動作快，身體協調能力佳，可以趁現在鍛鍊身體。

表 人體生理時鐘

⑦ **事情由難到易解決，拒絕拖延症**

　　一旦制定了每天的計畫，就要按時完成，不然就前功盡棄了。如果你沒有高度的自律，不妨找一個監督人，每天監

督計畫的事情，甚至可以制定懲罰條款，用來鞭策自己。

⑧ 不重要的事情，可以找人代勞

時間只會慢慢溜走，不會增加。所以不用事必躬親，那些不重要的事情，可以讓別人代勞。那些耽誤時間的請求，可以直接拒絕，把時間留給那些重要的事情。

⑨ 留出可支配的彈性時間

有一點需要注意，規劃時間時不用爭分奪秒，否則只會讓自己的壓力越來越大，動力越來越小。預留一些彈性時間給自己，可以調整自己的情緒，更好的面對挑戰。

⑩ 做了總比沒做好

如果你有強迫症，非要等所有的準備工作做好了才肯開始行動。那麼，你很可能成為拖延大軍的一分子。如果你對自己的要求一直以來都很嚴格，那麼事情不會完成得太難看。所以，當你聽到「再等等看吧」的聲音時，千萬不要被蠱惑了，你應該想著「先做做看吧」，哪怕失敗了，也可以從頭再來。

⑪ 不要一心二用

有時候，我們確實可以一心多用。比如，聽歌的時候可以工作，做飯的時候可以看電視。如果你按照這樣的原則安排時間，那你將會一事無成。我們應該學學禪宗精神，把注意力集中在一件事情上，才能讓自己不焦慮，創造價值，收穫成就。

最有成就感的，莫過於做自己熱愛的事情

一個普通的外送人員雷海為，打敗了知名大學的文學碩士，成為電視節目《詩詞大會》的總冠軍。主持人這樣稱讚他：「我覺得你所有在日晒雨淋，在風吹雨打當中的奔波，你所有偷偷的躲在書店裡背下的詩句，在這一刻都綻放出了特別奪目的光彩。」

雷海為是一名普通的外送人員，因為他非常喜歡古詩詞，一路過關斬將，終於走上總決賽的擂臺，收穫了自己的成就。

雷海為還在上小學時，就對古詩詞產生了十分濃厚的興趣。進入職場後，一次偶然的機會，他讀了一本《詩詞寫作必讀》，對古詩詞更是愛不釋手。

因為熱愛，他只要有空就泡在書店的古詩詞書籍區，因為經濟能力有限，他沒辦法把這些書都買回家，他就把這些書都背下來，到家再默寫。他幾乎把所有的業餘時間都拿來背古詩詞了。

在詩海暢遊這麼多年，雷海為學會了用古詩詞開導自己，在面對挫折時，想想古人那些人生智慧，心胸一下就開闊了。連節目組的導演都對他讚譽有加：「他非常淡然，不管是答對了還是答錯了，就連平常跟你聊天，都從容自若。很多人第一次來上電視的舞臺都很緊張，但是他不一樣，好像之前來過一樣。」

確實，在當今浮躁的社會裡，很多人都只想著如何找捷徑成功。於是他們眼裡只有功成名就，可是有的東西你越追求越得不到，因此整個社會一片心浮氣躁。

安靜下來去做一件自己熱愛的事情彷彿比登天還難，我們越來越在乎結果，卻忘記路上我們看過多少醉人的風景，我們追求成功，卻忘了問自己真的感受到成就感了嗎？

日本作家村上春樹說：「我們每個人的天賦和際遇都是不一樣的，當你開始做一件自己熱愛的事情的時候，不一定會進行得很順利，但你既然熱愛，就一定要堅持下去啊。」

而村上春樹也做到了這一點，一直和自己熱愛的事情在一起。

村上春樹從小就很喜歡讀書，讀小說，讀英文原著，讀歷史，讀一切他感興趣的書。這些他讀過的書，是他建起小說大樓一塊塊堅實的磚瓦。

在他 30 歲的時候，他突然萌生了寫小說的想法。於是他堅持每天寫作，剛開始，他並不滿意自己的作品，因此對自己產生懷疑。但是他從來沒想過放棄，因為熱愛，他一直堅持。皇天不負苦心人，他的小說《聽風的歌》一問世就獲得了「群像新人文學獎」。

後來，村上春樹決定辭掉工作專心寫小說。當時周圍的朋友和家人都勸他慎重考慮，但是他非常堅持，他說：「這是我人生的緊要關頭，一定要果斷一點，哪怕就這一次，我

也要下定決心。我拚盡全力寫小說,如果失敗了也沒關係,大不了從頭再來。」

從此,村上春樹就開始了他小說家的職業生涯。因為他做著自己熱愛的事情,他從不覺得累,反而覺得很有成就感。

村上春樹就是一個十分隨性的人,他全心全意做著自己熱愛的事情,從不被外界影響,因為他的內心無比強大。

一個人,如果他內心堅定,對所做的事情充滿熱愛,只要能堅持下去,就能在不經意間收穫意外驚喜。

不管是雷海為還是村上春樹,他們身上最值得我們學習的一點就是,不管這個世界如何看待他們,不管身邊的人如何評價他們,都始終堅持自己的理想,為自己熱愛的事情奮鬥,他們不在乎結果,只享受路上收穫的那些成就。

無論是雷海為,還是村上春樹,他們身上最為可貴之處在於:無論這個世界如何看待,他人如何評價,都始終堅持做自己,做喜歡的事情,不要求生活給予什麼回報,只是全然享受著做的過程。

最有成就感的,莫過於做自己熱愛的事情,而更有成就感的,是堅持做自己熱愛的事情。

做自己熱愛的事情,才容易堅持下來,因為你願意為其傾注所有注意力。但是任何事情想成功,必定會遇到艱難險阻,但是只要你堅定信念熬過去,就一定能有所突破,收穫

成就。

但是，我們都是普通人，就算是做自己熱愛的事情，當久久沒有成就時，也會感到茫然，甚至想到放棄。

朋友俊勇最近在學習鋼琴，上週他向我吐露了一下他學鋼琴的心路歷程。

他說剛開始學鋼琴時，每天下班都去琴房練習一個小時，特別積極，他每天都能感覺到自己在進步。可是沒過多久，當最簡單的音階都會了，開始練習和弦時，兩隻手卻怎麼都配合不好。由於受到了這點「打擊」，他不再每天練習了，進步也不如以前大了，他甚至懷疑自己是不是不該學鋼琴。

老師發現了他的情緒有些不對，和他聊過後，老師告訴他，其實每個學鋼琴的人都會遇到這個問題，包括老師自己也是一樣，不用過於擔心。只要靜下心來勤加練習，就一定能克服這個難點。

不僅僅是學鋼琴，做其他事情也是一樣，當我們已經獲得一些成績時，會發現自己進入了一個瓶頸期，要突破這個瓶頸期花費的時間就比較長了，不僅要付出時間，還需要調整好自己的心態。越過了這個坎，你會發現自己有了大幅度的進步，以後的路會越來越順。

俊勇聽了老師的話，又恢復了以前的熱情，勤加練習，終於他可以熟練的掌握和弦了，鋼琴學習又上了一個臺階。

俊勇說：「我曾經以為絕對做不到的事情，努力之後才發現，自己是可以做到的，並沒有我想像的那麼困難。」現在的他，對鋼琴越來越喜歡了，因為他堅信不管遇到什麼困難，只要靜心堅持，就一定能戰勝自己。

就算是做自己熱愛的事情也一樣會遇到挫折，如果不能靜下心來，很容易就浮躁厭煩了，最終讓自己放棄。俗話說，欲速則不達，冰凍三尺非一日之寒，任何事情想做成功都需要過程，只要你不放棄，才能離終點越來越近。

人生中最大的成就感莫過於此，有自己的堅守，和熱愛的一切在一起，做讓自己快樂的事情。

第 3 章
成就「理想」生活就是這麼簡單

　　對於年輕一代的我們，在正當身強力壯的芳華裡，一無所有並不可怕，可怕的是壓抑自己的天性，克制自己的探索，麻痺自己的欲望，就這樣渾渾噩噩將就一輩子。哪怕現在的你千瘡百孔，沉浸在傷痛中不能自己，但時間可以治癒一切，只要你肯面對，那些難過的事情都是浮雲。等你挺過去之後，你會發現，也沒什麼大不了，而那時的你，會收穫一個充滿成就感的自己。

別在不將就的年紀過將就的生活

　　因為戒不掉美食，所以身材胖就胖吧，將就將就也沒什麼；因為想多睡一會，所以早餐不吃就不吃了吧，反正中午也要吃飯，將就將就也沒什麼。我想問問你，你還想將就多少呢？我們總抱怨生活沒有成就感，老天爺對自己不公平，可是將就的生活是你自己造成的不是嗎？本該不將就的年紀，為什麼要活得這麼將就呢？

　　我們也曾有雄心壯志，想做出一番大事業，但是又有多少人真正做到了呢？我們的工作變得忙碌，看似被所有人需要，可是自己一點收穫都沒有。因此，我們慢慢變得非常無力，對身邊的人、事、物都不挑了，就這樣將就著前行。

　　當我們反應過來，「我明明不是一個將就的人啊！」可最後為什麼會變得平庸呢？因為你從一開始就無意中選擇了將就。

　　我是個如假包換的吃貨，在這一點上，當我身高只有165 公分，體重突破 80 公斤的時候，你就應該知道我到底有多管不住嘴了。

　　上大學的時候，街上 10 塊錢的炸串，我一個人可以吃10 串，還有三輪車上的糯米包飯，小吃店裡高熱量的糖醋里脊，超市裡的 OREO、威化餅都讓我愛不釋手。雖然味道上差了一點，但是用來寬慰吃貨的心靈，也足夠了。就這樣，我在墮落吃貨的路上越走越遠，體重也越來越高。

後來進入職場了，在同事梅梅的帶領下，我見識了一家超級貴的網紅蛋糕，自從嘗試了一次，便念念不忘。我想著，以後有機會一定要再去一次，但是當時的薪水很少，吃一次，我一個星期都不用吃飯了。為了再次品嘗到饕餮美味，我只好開源節流，把買奶茶、零食的錢全都省下來。一個星期之後，我竟然發現我瘦了。

這對一個這輩子對減肥無望，就這樣胖下去的女生來說，簡直比天上掉餡餅還開心。除此之外，為了不讓自己顯得太寒酸，我還特地從衣櫃裡挑了幾件比較像樣的衣服，化了個妝，出門時照了照鏡子，我突然發現自己外形還不錯。我決定不去吃那個蛋糕了，再接再厲，繼續瘦下去，所以，我決定減肥。

這兩件事讓我的氣質開始不一樣了，我有了一點小小的成就感。從這次的「意外減肥」事件中，我悟出一個小小的道理，就是不要將就，我要最好的那一個。為了得到那個最喜歡的，我開始努力，隨著時間向前走，我發現，當我不想將就的時候，所有的事情竟然開始慢慢將就我。

後來，父母打電話給我，要我回老家考公務員，反正以後也是要回老家結婚的。我覺得很無語，在我據理力爭下，我留了下來，留在這座我喜歡的城市，我不想回老家將就。

再後來，公司有一個出國培訓的機會，但是我英語口語太差，於是我報了一個口語班，回到家還強迫室友跟我用英

語對話，因為我不想失去這個機會，我不想在這個普通的職位上將就一輩子。

同樣，你不想喝口感跟兌了水似的紅酒，那就買上千上萬元的酒，這種酒不僅比幾百塊的紅酒口感更好，在價格的提醒下，你不會因為便宜就貪杯，因為你喝的每一口都是錢，這難道不比外面點牛排套餐送的紅酒喝得痛快嗎？

如果你不想在不知名的代購那裡買山寨 A 貨，那就去實體店買幾萬元一雙的鞋。貴雖貴，但是當你踩著幾萬元一雙的鞋，和幾百元一雙的鞋，氣場肯定是不一樣的。

除此之外，在感情方面，如果你不想隨便找一個對象就這樣將就過一輩子，那就寧缺勿濫，一直等到那個對的人出現。千萬不要因為身邊人的耳提面命就妥協，就算這輩子遇不到那個人，瀟瀟灑灑過一生，也總比找一個想法觀念不合的人，整天為了雞毛蒜皮的事情吵架好。

當你想要過更好更自在的生活時，總會有一些世俗的觀點擺在你面前，逼你做出一些妥協。可是，我們都是不服輸的人，越受到壓迫，我想要過得好的欲望就越強烈，從而激勵我更加努力的奮鬥，比別人更有毅力，這樣才能達到自己的目標。

也許有人會覺得我的想法太極端了，但是，生活是自己的，過得好不好，只有自己心裡最清楚。當然，我並不是強迫每個人都要活得轟轟烈烈、趣味橫生，你也可以選擇過一輩子平平淡淡、粗茶淡飯的生活。但是當你老了，回首自己

的一生時，你會不會為那些沒見過的風景，沒來得及做的事情感到後悔呢？

因此，對於年輕一代的我們，在正當身強力壯的芳華裡，一無所有並不可怕，可怕的是壓抑自己的天性，克制自己的探索，麻痺自己的欲望，就這樣渾渾噩噩將就一輩子。我們原本可以擁有一個燦爛的人生，就不要因為一點點將就和成就擦肩而過。

趙默笙有何以琛，我們有自己。我們要對自己的生活好一點，每天吃好喝好，做做運動，給自己一個健康的身體，享受富有成就感的人生。

希望你能在這個不將就的年紀，過不將就的生活，努力奮鬥，用更好的狀態，迎接未來的每一天。

與其抱大腿，不如自己當大腿

在平常的社交中，我們常常會聽到這樣的對話：

「升遷啦！來來來，以後別忘了提拔提拔我。」

「發財啦，哎喲不錯，抱緊你的大腿不放。」

「你可別把我封鎖，以後等你發達了，可別忘了老同學。」

不知道從什麼時候開始，抱大腿、借勢沾光成了一種時髦，古人云「苟富貴、勿相忘」，抱大腿可謂是「古人云」的升級版。

　　雖說大部分情況下，我們只是開個玩笑，並不是真的要抱大腿，求人家辦事，或者只是想表達一下羨慕之情。但是話說回來，與其羨慕別人，我們為什麼不自己成為大腿？

　　前段時間，老闆安排了一個任務給我，想請一位大人物為我們公司寫一篇週年慶的文章，這對我來說可是有點難度。第一我層次有限，根本不會認識那種大人物，其次，就算到了最後關頭，只能我自己寫一篇「矇混過關」，我也寫不出那種深度。

　　正在為難的時候，我突然想起我曾經加過一位出版社的朋友，於是懷著忐忑的心情發了一個訊息給他：X 哥您好，聽聞您認識某某老師，我們老闆想請某某老師為公司寫一篇週年慶文章，能不能請您幫忙聯絡一下？

　　半天過去，終於有了回應，結果對方說自己和某某老師的私交並不是很熟，可能幫不了我這個忙了。第一次抱大腿失敗了。

　　我本來就不喜歡求人，但是既然接了這個工作，半路說不做也不太好。於是決定想辦法再試試看。我在社交平臺上發了求助，一個朋友留言給我說她有某某老師的助理的微信，便私訊給我。但是我加了對方好幾遍對方都不肯接受，我知道，這次抱大腿又失敗了。

　　後來，我把這件事跟朋友說了，朋友問我：「妳跟某某老師很熟嗎？」我說：「根本不認識啊。」她又問：「妳老闆

跟某某老師熟嗎？」我說：「也不認識啊。」

她說：「那當然啦，人家根本不知道妳是誰，又不能給他帶來什麼好處，人家肯定不理妳啊。沒事，以妳的能力寫一篇文章出來，肯定會過關的。說不定等你們公司以後成長了，人家還趕著來抱妳大腿呢。」

在一本書中，有一節專門講過怎麼收穫貴人緣。大概意思是這樣的：如果你遇到了一個你非常想得到的人脈，不要接近得太刻意，不要一開始就約人家吃飯、要電話，不起作用。如果對方真的像你說的那麼偉大，那他可能正忙著實現價值呢，根本沒空搭理你。就算你約到了對方，他賞臉跟你一起吃飯，但是你跟那些想求他辦事的人有什麼區別呢？到最後也不過泯然眾人矣。

相反，如果讓他知道你很特別，值得他花時間和你接觸，了解你，就事半功倍了。這就像追求自己心儀的另一半一樣，要放長線釣大魚。如果對方是創新人士，那他肯定欣賞思維活躍的創新型人才。所以，你必須用你富有創意的思維吸引他。

與其絞盡腦汁求得他的幫助，不如換位思考他需要什麼，你能幫他什麼，並且擺出一副不求回報的樣子，盡心盡力。當你成為他的得力幫手，獲得了貴人的認可，以後如果你需要他的幫助，就水到渠成了。

有這樣一個故事，曾經有一家公司的老闆瀕臨破產，眼

看自己建立的商業王國即將坍塌，在這危急關頭，一位昔日好友借了他 500 萬，終於這位老闆度過了難關。很多人都誇他這位朋友重情重義，但是別人不知道的是，這位老闆在巔峰時期也接濟過這位朋友。

就算別人的名氣再大，那也是別人自己一步一步走出來的；別人的粉絲再多，也是他用魅力一點一點吸引過來的；別人的顧客再多，也是用產品品質和口碑一位一位穩住的……人家憑什麼為你義務勞動呢？

如果你想獲得別人的幫助，首先要看看自己能幫助別人什麼。透過交換資源的方式獲得幫助才是最好的辦法。如果實在無奈，只能低頭求別人幫忙，那也要放低姿態，因為別人幫你是情分，不幫你是本分。

話雖如此，不過我一直覺得抱大腿是可遇而不可求的，所以與其抱別人大腿，不如自己當大腿。因為，層次高的人通常只會和自己同層次的人來往。

當你只是個「腳指頭」的時候，你想抱大腿也沒機會，但是當你成長成為「大腿」，其他的「大腿」想無視你都不行。

假如，你想一直憑藉抱大腿走上人生巔峰，這種方式肯定是不可能的。最後的結果，不是你把對方拖垮，就是對方把你拋棄。然而，通常情況下，你還沒拖垮大腿呢，就被無情的拋棄了。

正確的方法應該是，力求上進，奮發圖強，晉身為「大腿」，然後和其他的大腿比肩同行。正如前文所說，等級懸殊，就算抱上了大腿，也只是個被人嫌棄的拖油瓶，勢均力敵才能共同進步。

別讓自己的努力變成瞎忙

我在第一家公司上班的時候，有一天一進辦公室，同事小張就一臉遺憾的對我說：「聽說我們陳姐沒選上經理，讓 B 組傑森搶先了。」

陳姐可是我們公司數一數二的高手，很多同事都把她奉為偶像。業務能力一流，專案完成得讓客戶讚不絕口，凡是和她接觸過的主管和客戶基本上形容她都是「啊，小陳不錯，前途無量啊。」或者「哦哦，我知道小陳，你們公司有這麼個人才，我真想挖角啊。」同時，她還參加各種管理培訓班或者專業訓練班，不斷提升自己的能力。陳姐的時間被安排得滿滿的，工作效率非常高。

聽到這個消息，我也很驚訝。小張接著說：「聽說這次上面的考核挺嚴格的，陳姐有個案子沒做好，所以才讓傑森得了便宜。好多同事都覺得可惜，以陳姐的水準，當上經理完全沒問題的。」

我們公司的人都知道，這次內部競選部門經理，眼下的

這個專案可以說是「生死決戰」。連我們這種「小嘍囉」都清楚的事，陳姐怎麼可能不明白呢？

小張說：「好像說是陳姐做專案的時候，和一個非常重要的出差撞上了。時間本來就挺緊急的，陳姐沒辦法兩手抓，因此專案就被耽誤了。」

在生活中，這類人有很多：上學的時候，那些挑燈夜戰的同學還沒有天天上網、打籃球的人考得好；大學期間成績優異的學長，考研究所卻落榜；工作恪盡職守、任勞任怨的老員工，到了升遷加薪的關鍵時刻，都競爭不過剛入職的新員工。

為什麼這些人會和成功失之交臂？大家發現了嗎？這類人都有一個共同的特點，他們的努力和回報永遠不成正比。

在很多大學的學霸之間都有一個「潛規則」：通宵。最常聽到的對話就是：「你昨天幾點睡的？」「四點，終於把書背完了。」「你太強了吧，我一直看到今天上午還沒看完。」但是，成績出來後，這些用生命學習的同學並沒有獲得多優異的成績。

但是這些同學依然對自己的付出感到自豪：「沒考出好成績也沒辦法，我盡力就行了。」這些同學確實是在付出，為了完成論文，甚至為了超前學習，天天熬夜，大門不出二門不邁，除了看書就是看書，就算頭痛眼花也不放棄。

但這種「無效」努力，沒有任何效果。那些「結果不重要，重要的是過程」的話，都是在逃避。

他們所謂的「努力」只是在麻痺自己，說白了，就是在瞎忙。他們只想著替自己盡可能多的安排事情，讓自己忙起來，但是從不思考自己為什麼要忙，自己這麼忙能不能達到自己的目標。

這些人把大部分時間都花在表面上，讓別人覺得自己很努力，卻忽略了自己是否達到了要求；花了一個星期查找的資料，結果只用上了 10%。用一句話來形容就是：「用技術上的勤奮掩蓋策略上的懶惰。」

我們在正式發力之前，要考慮清楚哪些事情需要做，哪些事情是十萬火急的，哪些事情可以緩緩。同時，我們還要考慮時間該怎麼分配，最後要實現什麼樣的目標。我們不能一味聽從自己的內心，想做什麼就做什麼，這樣反而會把大部分精力放在那些不重要的事情上，假如結果不盡如人意，就用「我已經盡力了」來麻痺自己。這樣的人，怎麼會有成就呢？避免「瞎忙」，我們的努力才能有價值。

今年 4 月，一位名人 A 從知名入口網站離職了。才 20 多歲的他，憑藉網路發家致富，靠營運社交平臺成為知名入口網站史上最年輕的副總裁。但這並不是他的人生巔峰，今年，他決定辭去高薪工作，挑戰新的生活。

我常常反思自己，為什麼我 25 歲的時候，就沒有他這麼優秀？為什麼人跟人的差距可以這麼大，冥思苦想幾個晚上，我想到了答案：就是策略。

　　什麼是策略？所謂策略，對於普通人來說，就是一種選擇。據說 A 還在國立大學讀研究所的時候，就有年薪 300 萬的 offer 找上門了。對於一般人來說，一定會答應下來，但是他卻拒絕了。

　　如果這件事情發生在我身上，在我即將畢業的時候就能拿到 offer，別說 300 萬，就是 30 萬我都不會拒絕。2015 年，A 透過經營社交平臺獲得了十幾萬粉絲，後來被入口網站收購，A 也順理成章成為該公司最年輕的副總裁。

　　A 從一開始就知道自己想要什麼，要怎麼得到。那個 300 萬的 offer 對他而言，並不是他想要的，所以他拒絕了。正因為這個清晰的認知，他知道自己該做什麼，該往哪個方向努力，最終他的努力和他的回報是成正比的。

　　如何才能讓自己選擇應該做的，避免瞎忙，讓自己忙得有價值呢？

　　在一段時間裡，我們要做的事情也許會很雜亂無章，有的可以緩一緩，有的必須儘快完成，有的不用花費太多精力，說得過去就行，但是有的卻需要全心投入，一點錯都不能出。我們需要對這些事情進行分類排序。具體應該怎麼做呢？

　　比如，你的目標是成為行業菁英，那麼你需要累積一定的專業知識，多參與一些專案，豐富自己的經驗。此時你的矩陣可以這樣設計，裡面要包含要做的事情、要花費的時間以及重要程度等等。

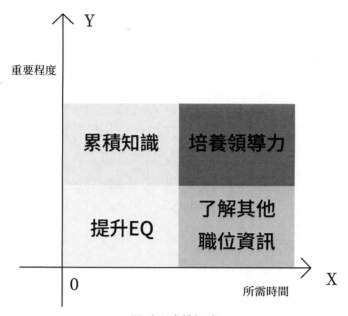

圖 時間安排矩陣

　　橫軸是要花費的時間，縱軸是事情的重要程度。這裡大家需要注意的是，這個矩陣沒有標準的設計方法，要根據自己的需求來。我們要避免那些要耗費大量時間又沒有意義的事情，只有遠離瞎忙，我們才能獲得成就。

有一種生活叫斷捨離

　　張薇是我的朋友，她的氣質如空谷幽蘭。她也很少化妝，不施粉黛的臉上帶著淡淡的微笑。她也有自己的一套生活哲學，她對身邊的一切都很真誠。

　　張薇是我工作的時候認識的，我對和她共事的那段時光有很深刻的印象。她的辦公桌整理得非常乾淨，從沒見過亂七八糟的時候。文件架上的資料，她會用小標籤一個個標注好，並分類。有一次她在外地出差，要我傳文件給她，打開她的電腦，連電腦桌面上的文件都分類得清清楚楚。

　　業餘時間，我們也一起出去逛街。逛街時，也發現她和其他的女生不一樣。大部分女孩子逛街的目的都是買東西，只要喜歡就買買買。但是張薇卻很理智，喜歡的不一定要買，她只買自己需要的。她逛街的目的是想透過逛街感受這個城市的生活氣息，好好感受生活的美好。

　　但我去過她家後，我更加佩服她了。她追求極簡生活，家裡並沒有裝修得多華麗，素淨的家具，整齊簡單的擺設，加上一些綠色植栽的點綴，讓人一下就能安靜下來。她穿著簡單的家居服，在廚房裡做飯，舉手投足間透露著點點溫情。

　　我們在聊天時，她說：「不管下班回家有多累，我都會把家裡打掃清理一遍。」

　　我問她：「妳不覺得麻煩嗎？」

　　她說：「不麻煩啊，我從來沒把打掃當成完成任務，而是一種生活方式，我挺享受的。在整理的過程中，我能把我今天的煩心事也一起整理了。透過整理，我可以反省自己。不僅僅是家務，生活上的各個方面我都會定期清理。」

　　她接著說：「生活需要斷捨離。把那些沒用的廢物清理掉，我們才有更多的空間裝那些有意義的事情。我每次斷捨離之後，我覺得很有成就感。」看著她，我覺得她很像一朵出淤泥而不染的蓮花，她說的話，都非常有哲理。

　　在這個五光十色的世界裡，還能堅持「斷捨離」的生活哲學實屬不易，因為這需要堅定的毅力和澄澈的心境。

　　當我們回到熟悉的家中，重新審視這個和自己距離最近的空間。你清楚它正處於一個什麼樣的環境中嗎？

　　我們非常容易忽視那些生活中非常熟悉的細節和事物，而這些細節累積到一定程度就會影響我們的生活。當你看到一個個快遞紙盒堆成山，廚房裡的油煙讓流理臺變得油膩，口紅在梳妝臺上擺得密密麻麻的時候，心情一定不輕鬆。當你在抱怨自己的生活環境越來越差時，實際上是在抱怨自己為什麼這麼不懂生活。

　　怎樣才能維持一個好的生活狀態呢？首先需要有整理的能力，保持生活環境的乾淨俐落，給自己提供一個寬敞的空間。但是，真正的整理，並不是行動起來，清理乾淨就好了，還需要你有一定的自律。

　　日本雜物管理諮詢師山下英子曾提出「斷捨離」的生活概念，她覺得「斷捨離」能讓生活變得充滿禪意。她是這樣定義「斷捨離」的：

　　「斷」就是把那些不需要的東西拒之門外；「捨」就是把家裡不用的廢棄物品全部丟掉；「離」就是能夠脫離對那些可有可無的物品的依賴，給自己的一個自由自在的空間。

　　想要過「斷捨離」的生活，就不能用散漫的態度來對待自己的人生。所以，當我們在一心為自己的成就感奮鬥時，不要一心只顧往前衝，有時候需要停下來整理一下自己的生活，再出發。

　　但是，當我們再次出發時，也會面臨種種誘惑，甚至讓我們完全被吞噬。但是，明白人都知道節制和分寸。他們能夠抵抗誘惑，對物質的依賴性並不大。他們不會因為貪圖一時愉快，就被自己的欲望綁架，作繭自縛。

　　一個人是如何看待物質的，即使他不表達，也會從生活方式和外貌表現出來。進入職場後，我認識了很多前輩，我發現凡是那些優秀的人，他們大多都形象氣質佳，渾身充滿正能量，不僅如此，還有超高的忍耐力。

　　我的好友名單裡就有這樣一位前輩，她不僅事業發展得順風順水，還是一位辣媽。業餘時間除了陪孩子，還喜歡寫一寫文章發表在自己的社交平臺上。有一次，她秀出了自己的馬甲線，我這才發現，她那麼忙還有時間去健身。

　　還有一位朋友，創立了自己的護膚品牌已經有 7、8 年了，吹彈可破的肌膚，姣好的容貌是她為自己的代言。但是她說，自己是易胖體質，一旦飲食不規律，身體就會走形，

氣色和皮膚狀態也會差很多。如果自己的產品，都沒能讓自己皮膚好起來，哪還會有顧客相信自己呢？在控制飲食的同時，她還堅持鍛鍊，讓自己的身材和皮膚狀態保持在最佳狀態。

朋友的丈夫林偉是典型的好男人，沒有任何不良嗜好，也很有氣質，並且很有責任感。他經營著一家小公司，帶著一群人打天下。一般來說，生意人多多少少都會沾菸帶酒，但是他卻能夠菸酒不沾。他說，這些對身體不好，自己還有一個公司要養活，還有家人要照顧，抽菸喝酒對自己沒有什麼好處。有些應酬，能不去就不去，他寧願多花些時間陪陪家人。

業餘時間，他喜歡打網球，妻子和孩子也會在一旁加油助威。就算有些應酬逃不掉，遇到勸酒的人，他也會婉言推辭，實在不行就象徵性喝兩杯。身邊那些老闆朋友都在橫著長，只有他還是原樣，身材一點沒走樣。

我們想要讓自己的人生變得簡單，沒有壓力，就要學會看淡物質。所謂看淡物質，並不是要徹底脫離物質。而是讓大家不要沉迷於物質，我們應該有更高的渴望。不要被物欲橫流的社會給同化，金錢和權力帶給你的只是一時的快感，內心的平靜祥和才是永恆的成就。

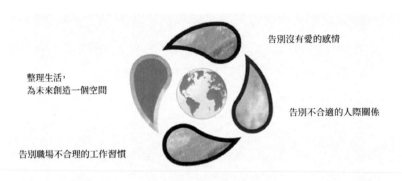

整理生活，
為未來創造一個空間

告別沒有愛的感情

告別不合適的人際關係

告別職場不合理的工作習慣

圖 如何做好「斷捨離」

古人云，亂花漸欲迷人眼，面對複雜的社會，紛繁的誘惑，我們要保持頭腦清醒，學會用「斷捨離」的哲學處世。我們不僅要知道自己想要什麼，還要清楚自己應該捨棄什麼。

只有控制好自己對物質的欲望，讓自己的內心保持平靜，人生才會美好。多讀書，多經事，才能讓一個人的內心變得豐富，精神變得堅定，因此由內而外散發出與眾不同的氣質。這才是「斷捨離」的生活讓我們收穫的成就。

你沒有你想像的那麼脆弱

朋友蘇曉靜畢業後連老家都沒有回，拖著行李就去了 A 城市。這兩個行李箱，就是她所有的身家。剛到 A 城市沒兩天，她就租到了房子，不到五坪，這將是她未來兩年的「家」。

原本兩房一廳的房子被房東改造成了有 6 個房間的蝸居

房，蘇曉靜的「家」就是其中一間。6 個房間共用一個洗手間。這顯然不是她想要的生活。

大學時期，寢室住了 4 個人，那個時候，她天天嚷嚷著開始工作以後，一定要租一個大套房，有明亮的落地窗，寬敞的陽臺，還有一張大床。到了 A 城市以後，她才發現自己以前有多傻，也有點身在福中不知福。

如果那個時候我們對他說：「曉靜我告訴妳，妳畢業以後肯定只能住 5 坪的小隔間，還是 6 個人共用一個洗手間那種。」她一定會說：「走開，你少詛咒我了。」

但是，當蘇曉靜和房東簽下租賃合約，整理好行李，關上門躺在床上時，她好像還挺滿足的。畢竟同學們還在為住宿問題跑斷腿時，她已經有落腳點了。這一點點成就感，讓她心滿意足。

住的地方搞定了，就該開始找工作了。她打開電腦，漫天遍野投履歷，可是打電話聯絡她的寥寥無幾。如果再找不到工作，下一季的房租就成問題了。她反覆檢查自己的履歷，沒有寫錯電話號碼啊，為什麼接到的電話用一隻手都能數得出來。

蘇曉靜並沒有放棄，她一邊繼續投履歷，一邊看著手機，害怕有公司打電話來自己錯過了。正當她發呆出神時，電話響了，終於有公司邀請她去面試了。真是時來運轉，蘇曉靜又接到了幾個公司的面試電話。

　　皇天不負苦心人，面試了三家公司，最後有兩家都決定錄用她。權衡了各種利弊後，她選擇了其中一家，各方面福利待遇都不錯，住的地方離公司也只有五個地鐵站。

　　上班尖峰期的地鐵站，真的擁擠得無法想像，她的包包都被擠變形了，腳也不知道被人踩了多少下。但是一到辦公座位上，她的力氣就來了。

　　蝸居房，在洗手間超過 15 分鐘就能聽到「鄰居」的謾罵。更離譜的是，有一次她因為加班晚回家幾個小時，結果排到快 12 點才輪到她洗澡。無可奈何之下，她只能第二天早上趁別人還在睡夢中的時候起床洗澡。這樣的日子，她一過就是兩年，在這兩年中，不管多艱苦，她都堅持過來了。

　　兩年後，這個蝸居房拆遷了，蘇曉靜也從這個蝸居的環境中解脫了出來，換了一個 30 坪的小公寓，還有一個小陽臺。

　　雖然沒有大富大貴，但是曉靜憑藉自己的努力，改變了自己的生活環境，也算是實現了自己的一個小夢想。

　　我們都還年輕，其實大可不必擔心未來，只要我們努力，就能得到你想要的。我相信老天爺一定不會忘記每一個努力奮鬥的人。

　　其實，生活的真面目就是這樣，但你覺得走不下去的時候，想想自己的目標，再堅持一下，希望就在前方。因為你並沒有你想像中那麼脆弱。

　　同事安遠前段時間失戀了，他女朋友劈腿，和一個富二

代在一起了。在此之前，安遠全心全意為她付出，他未來所有的計畫，都有女朋友的參與，甚至連買房的頭期款都已經快存好了。這個節骨眼上，女朋友和他分手，無疑是一個重大的打擊。

他非常痛苦，請了一週的假，待在家裡不願意出門。一週之後他來上班，像換了個人一樣，氣色憔悴，整個人瘦了一大圈。在這個地球上，沒有少了誰地球就停止轉動的道理。生活也是一樣，誰少了誰都能繼續前行。他打開電腦，新建了一個文件，又重新開始了他的工作。

安遠說，他在最痛苦的時候，覺得自己快要活不下去了。失戀有多痛，一定要自己經歷過才知道。他以前覺得電視劇裡面演得太假了，現在想一想，果然戲劇來源於生活。

過去那些美好的記憶如潮水般湧來，充斥了他整個世界。也許人就是這樣，一旦失去了，存在腦海裡的都是美好的回憶。失戀的時候，人們會把以前戀愛中愉悅的情緒和美好的回憶無限放大，同時也會把悲傷放大。失戀固然是一件讓人難過的事情，但是如果因為失戀把自己搞得邋裡邋遢，沉浸在悲傷中出不來，就得不償失了。

每個人治療情傷的方式都不一樣，安遠用了故地重遊法。他休息時，重新走了一遍當初和女朋友走過的路，吃過的餐廳，然後，為這段戀情畫上一個句號。

現在的安遠認認真真上班，他相信，只要自己認真對待

生活，不自暴自棄，就一定會遇到一個更加值得自己愛的人。在這之前，他唯一要做的，就是成為更好的自己。

安遠曾經也認為，如果失戀了，自己肯定會去殉情的吧。可是現在呢，他不僅變得更優秀了，而且比以前更自由。經歷了失戀，他發現自己原來可以這麼強大。

我相信，每個人的人生都會遇到一個覺得自己絕對跨不過去的坎。當這一天真的來了，不用逃避，勇敢面對，你比你想像的要強大得多。不可否認，每個人都有脆弱的時候，不要緊，你也不用故作堅強。

人生就是一步一個腳印走過來的，你向前走的每一步，不管有多困難，你都要堅信自己一定可以堅持下去。

哪怕現在的你千瘡百孔，沉浸在傷痛中不能自已，但時間可以治癒一切，只要你肯面對，那些難過的事情都是浮雲。

等你挺過去之後，你會發現，也沒什麼大不了，而那時的你，會收穫一個充滿成就感的自己。

活在當下，享受生活的每一刻

我經常和朋友們討論一個問題，到底什麼是愛自己？怎麼做才算是接納自己？為什麼有的過往明明已經過去很久，卻還是很讓人痛苦？為什麼我們會為未來的事情焦慮？

沒錯，我真的很想有一種靈丹妙藥，服下之後所有的問

題都能煙消雲散，可現實給我們潑了好大一盆冷水。如果非要給這些問題開一個處方，那就活在當下吧，不計較過去，不憂慮未來，好好和現在的自己相處。

有一個朋友很焦慮，她說她男朋友現在處於創業階段，和朋友一起投了不少錢。她非常擔心萬一哪天創業失敗了，錢都打了水漂，父母不同意自己的婚事。她還擔心男朋友以後創業成功了，受到了外面花花世界的誘惑，和自己分手，到頭來人財兩空。

我問她：「那現在，妳男朋友創業對你們目前的生活有什麼影響嗎？」

她說：「其實並沒有什麼影響，只是陪我的時間少了，大部分時間都待在公司處理業務。經濟上也沒有什麼影響，反正我現在有工作，收入穩定。」

那天，我們聊了很久，我花了很長的時間和她討論未來的事情和現在的關係，直到她開口問我：「妳說，為什麼我不是在憂慮過去，就是在擔心未來？」

我說：「是啊，這是我們普通人的通病，我們常常作繭自縛。」

她說：「我好像有點明白什麼是活在當下了。」

我說：「那妳說說妳的理解。」

她說：「就是把注意力放在現在啊，過好現在的日子。這麼簡單的道理，妳應該早點告訴我。」

我說：「妳自己領會到的才更深刻啊，這樣妳才能真正理解活在當下的含義。」

其實，人生就是無數個一剎那的串聯。日本作家岸見一郎在《被討厭的勇氣》中寫到：不要把人生想成一條完整的線，而是要理解成無數點的連續。如果你用放大鏡看粉筆畫的直線，你會發現原本連續的直線變成了斷斷續續的小點。看似完整的人生線，其實也是無數點的連續，換句話說，我們的人生存在於剎那之中。

這裡說的剎那就是現在、當下，此時此刻就是過去和未來的連續。

過去和未來是虛無的，所以才說現在。能夠決定你的不是過去也不是未來，而是現在，「此時此刻」。當你真正活在當下的時候，你也就認識了自己。

美國作家喬恩‧穆斯（Jon Muth）曾經在他的作品中提出了尼古拉的疑惑：

做事情的最佳時機是什麼時候？

最重要的人是什麼人？

最應該做的事是什麼事??

圖 尼古拉的疑惑

為了找到答案，尼古拉去問了他三個朋友。

第一位朋友是蒼鷺，她說：「最佳的做事時間就是要提前做好規畫了，最重要的人就是貼近天堂的人，飛翔就是最應該做的事情。」

第二位朋友是猴子，他說：「最佳時機是要透過觀察才能掌握住的；最重要的人是懂得如何治癒的人，最應該做的事就是每天開心。」

第三位朋友是獵狗，他給出的答案有些不一樣：「當最佳時機出現時，你需要一群人來幫你，最重要的人是那個制定規則的人，最應該做的事情就是勇敢戰鬥。」

三個朋友都站在自己的立場上給了尼古拉答案，也許對他們自己來說，這些答案無懈可擊，但是尼古拉卻不滿意。於是他跋山涉水去向千年智者烏龜列夫請教，因為他活得夠長，肯定知道答案是什麼。

當尼古拉遇到智者列夫的時候，他正在整理菜園。烏龜列夫並沒有搭理尼古拉，一直埋頭整理菜園。尼古拉覺得列夫太累了，就拿著鋤頭去幫他，直到把整塊地都整理完。

剛整理完菜地，就聽到有人喊救命，尼古拉馬上朝著呼救跑去，在樹林裡看到了受傷的熊貓，他立刻把熊貓帶到列夫的家裡，還把熊貓寶寶從樹林裡救出來，認真照顧。當熊貓們身體恢復，告別的時候，向尼古拉表示了最真摯的感謝。但是尼古拉還在糾結那三個問題。

　　這時，智者列夫對他說：「當你幫我整理田地的時候，那就是最重要的時候，那個時刻，我就是最重要的人，幫我工作就是最重要的事。當你把熊貓救回來的時候，救助他們就是最重要的時刻，受傷的熊貓就是最重要的人，把他們照顧好就是最重要的事。」

　　停了一會，列夫接著說：「所以，你一定要記住，最重要的時刻只有一個，就是『此時此刻』，最重要的人就是此時此刻和你在一起的人，最重要的事情就是和他們一起做的事情。」

　　尼古拉終於找到了他想要的答案，解開了自己的一個心結。明白活在當下的真正意義，不管是對自己還是對身邊的人，都是一種幫助。

　　很多人都沉迷於過去無法自拔，因為過去的不愉快對自己造成了無法癒合的傷害。於是，他們一直活在痛恨、埋怨、委屈中不願走出來。看不到真正的自己，也看不到身邊關心自己的人，這份傷害更大。

　　鄭萍離婚後又再婚了，但還是會時不時拿現在的丈夫和前夫作比較。她常常對現在的丈夫說：「換成我前夫，他就不會這麼跟我說話，更不會這樣對我。我不用出去上班，他也能給我足夠的安全感。」

　　她的現任丈夫聽到這樣無端的指責，非常憤怒。因為他又不是她前夫，於是兩個人的關係越來越緊繃，最後惡化到

再次離婚。鄭萍一直活在過去那段婚姻的美好中，希望現任丈夫也能像前夫一樣對她百依百順。但是一旦回到現實，鄭萍只能感受到痛苦。

只有她「清醒」過來，活在當下，看到現在陪在自己身邊的人，接受前段婚姻失敗的事實，才能承擔起現在的責任，才能和現在的自己和解。

有人活在過去，也有人活在未來。

但是未來充滿了不確定性，正是因為這種不確定，才讓我們的未來充滿了可能。如果我們的內心還沒有強大到可以面對這些不確定，我們就會產生焦慮情緒。

我擔心我寫不好文章被主管罵，所以我不去寫；我害怕研究所考試落榜，所以我就不考；我家裡有遺傳病史，我整天擔心自己會不會發病；我擔心結婚之後，男朋友就不會對我這麼好了；我擔心以後我會嫁不出去。

這些擔心，都是把自己放在未來的時空。文章能不能寫好，要寫了才知道；整天擔心自己會發病；但是現在身體並沒有什麼不正常的地方；擔心自己嫁不出去，可是緣分的事情誰說得準呢？

當我們完完全全為還沒發生的事情擔心時，肯定不知道如何珍惜當下。此時此刻這段時間是無法快進的，如果我們用過去和未來填滿了現在，那就意味著連現在自己都變得沒有意義了，這是對自己的不尊重。

　　所以，活在當下，就是對自己最大的尊重。尊重過去的精彩，也尊重過去的驚嚇；尊重未來無限的可能性，也尊重未來遙不可及；尊重現在的開心快樂，也尊重現在忐忑焦慮。

　　時間無涯，我們只活一剎那。在曇花一現的那一剎那，我們的生命因為自己的尊重和接納而變得完整。這難道不是成就感嗎？

如果所有人都懂你，那你得普通成什麼樣子？

　　我們常常形容自己「我就是我，是顏色不一樣的煙火」，但又常常擔心自己過於標新立異而和社會脫節。因此，當我們的想法不被身邊的人理解時，就會擔心，我變成「怪物」了怎麼辦？

　　由於不被了解，覺得自己是個異類，這種失落感我非常明白。但是，我也想說，在這個世界上沒有人有義務去懂你。

　　我們都希望被認可，這無可厚非。當別人的想法和你相左時，你會覺得非常氣憤，這很正常。但是細細想來，對方的生活背景、受教育程度、人生經歷和你都不一樣，和你有不同的觀點根本不足為奇。

　　很久以前我讀過這樣一段話，大概意思是，我們每個人都希望自己被包容，都希望自己的聲音被大家聽見。可是，

當這一刻真的來臨時，就連生活習慣不同，都會在背後議論別人一番。

　　網路上有一篇關於李開復和他女兒的文章很紅，文章中提到，李開復寫信幫女兒準備學校的辯論比賽，他總是選擇和女兒相反的持方來辯論。他這樣做，是為了讓女兒明白，可以從多個角度看問題。

　　魯迅曾提到，一部《紅樓夢》光是主題立意，不同的人看得到的結論也不一樣。才子看到纏綿悱惻的愛情，道學家看見淫亂，史學家看到社會現實……

　　為什麼別人就該懂你呢？很多事情都是公說公有理，婆說婆有理，我們應該拋棄這種想法，不要執著的認為你覺得對的那一方就是真理。

　　前段時間高燒不退，整個人沒精神，連話都說不出來，我好想找個人吐吐苦水，說說我那時有多難受。

　　我打電話給朋友，不說話，開著免持聽筒聽著她在電話那頭一直念我不好好鍛鍊身體，不知道照顧自己，我邊聽邊哭。我現在需要的不是責怪，但是朋友絮絮叨叨的關心我也感到很溫暖。我不希望有人感同身受，但是有人關心就是好的。

　　以前覺得那些生個小病就哭哭啼啼的人實在是做作，現在輪到自己了才發現，只是我很少生病，沒有體會那種難受而已。

　　生病的時候有人慰問你，他們真的是來關心你好了沒

嗎？他們只是想聽你說「好多了」，然後把你該完成的工作吩咐給你。如果你如實回答「還很難受，燒還沒退」，電話那頭多半是一陣沉默，這個對話就到此為止了。

　　你在社交平臺上說生病了，在乎你的人留言給你，不在乎你的人把你當空氣，假裝看不到。並不是所有人都要在意你看什麼書、聽什麼歌、喜歡哪個明星。這沒有什麼好失落的，沒有人懂你，自己在小世界裡徜徉，也很快樂。

　　有一次，朋友阿雲跟我聊起她的前任。去年，阿雲出差的時候，她男朋友劈腿了。事情曝光後，前任一邊對阿雲說給他個機會冷靜一下，一邊繼續和第三者藕斷絲連。

　　阿雲快刀斬亂麻，狠下心來和前任徹底分手了。剛分手沒幾個月，她就在社交平臺上看到前任即將結婚的消息。在這之前，阿雲帶他見過多少次父母，表面上承諾一定會阿雲好，實際上沒有任何行動。阿雲自嘲：「他不是不想結婚，只是不想和我結婚。」

　　我替她覺得不值得，痛罵渣男無恥，阿雲竟然沒有跟我一起罵，反而來勸我：「我們看問題的角度不同，想法自然不一樣。」

　　阿雲對我說，這個第三者年紀不小了，對她而言，前任或許就是她的「救命稻草」了吧。前任的媽媽還加了阿雲的通訊軟體帳號，也出來吃過飯，逢年過節，阿雲都會打電話慰問。今年，阿雲禮貌性的發訊息問候，結果對方已經把她封鎖。

　　這也情有可原，在母親眼裡，沒有什麼事情比兒子的幸福更重要吧。我兒子和妳在一起的時候，妳就是我的兒媳婦，我兒子和妳分開了，我跟妳也就沒什麼關係了。哪還有心思管妳傷不傷心？

　　雖然阿雲現在已經好多了，但是剛失戀的時候，一想到這個事情，眼淚就嘩嘩的流。我雖然心疼她，但是她的這份悲傷，我真的很難感同身受。

　　我突然想到我失戀的時候，最慘的時候走在路上就不知不覺淚如雨下，那時候才知道，原來心真的會痛。可是，我的心痛和他的心痛是同一個級別的感覺嗎？我現在再回憶起當初失戀的時候，還會那麼心痛嗎？

　　聽完同一首悲傷的歌，低下頭看看自己的傷口，深淺一樣嗎？這世上根本就沒有什麼感同身受，真如古人云，「如人飲水，冷暖自知。」

　　我一直覺得社區裡那些媽媽們的聊天很有意思：

　　媽媽 A 說：「我前幾天逛街，看中了一個包，太貴了，捨不得下手。」

　　媽媽 B 說：「我跟妳一樣，昨天我才去逛了購物中心，也看中一個，捨不得買。」

　　媽媽 A 說：「我老公從來沒買過花給我。」

　　媽媽 B 說：「天下男人都一樣，我老公連我們結婚紀念日都忘了。」

媽媽 A 說：「我兒子太不讓人放心了，成績不好，我整天操心幫他找課輔老師。」

媽媽 B 說：「我女兒也沒好到哪裡去，上個星期，上課看小說，被通知家長啦。」

媽媽們的聊天，看似在互相安慰，其實不過是絮絮叨叨抱怨而已，哪裡是真的在乎對方的感受呢？

不過這樣的聊天也很高明，既能讓自己發洩負面情緒，又能在對方身上找到優越感，原來你也沒有好到哪裡去，這樣一來，大家心裡都愉快了。

網路上有句話說得挺好：「如果每個人都懂你，那你得普通成什麼樣子？」一句玩笑，一笑而過便可。讓別人理解你、懂你，本身就是奢望。你覺得對方能和你有共鳴，也許只是恰好頻率對到相互安慰。

如何證明自己是否成熟？大概是看你自己是否還迫切希望大家理解吧。我們要學會獨自療傷，學會一笑而過。當別人無意間戳到你的痛處，還能輕鬆調侃一番，不至於如戳中死穴一樣，又頹廢好久。

不要再渴望別人的理解和同情了，這個世界上，真的沒有人有義務懂你。你需要做的，應該是讓自己變得更強大，或者更無畏。正如古人所說：「壁立千仞，無欲則剛。」當然，如果你有幸遇到一個懂你的人，那我也祝福你。

控制好自己的情緒，便能掌控自己的人生

我相信很多人都聽過這個故事：

一位老阿姨有兩個兒子，老大是做雨傘生意的，老二是做布匹生意的。每逢下雨天，阿姨就愁眉苦臉：「今天下雨，老二的布怎麼會晒得乾呢？」等到天氣放晴了，阿姨還是愁眉苦臉：「今天天氣這麼晴朗，老大的雨傘怎麼賣得出去？」就這樣，阿姨每天都愁眉苦臉，連覺都睡不好，身體也日漸消瘦。

後來，一位高僧不忍心看到阿姨如此心思焦慮的樣子，於是對阿姨說：「這位施主真是好福氣。下雨天的時候，老大的雨傘供不應求，天晴的時候，老二的布匹很快就能晒乾。不管晴天還是雨天，您兩個兒子都有生意做，您還有什麼好憂慮的呢？」阿姨聽了高僧的話，覺得很有道理，從此再也不愁眉苦臉了，臉上也有了笑容。

這個故事非常簡單，但是告訴我們的道理卻很深刻：我們可以運用各種方法來調節自己的情緒。但是這個簡單的道理，卻常常被人忽略。

我們公司的人都知道，業務部的吳強是一個性格非常急躁的人，遇到一點點小事都會亂發一頓脾氣。有一次，吳強要去 A 城市出差，於是讓助理莎莎幫自己訂來回機票。莎莎在訂機票時，不下心手滑點錯了連結，把時間提前了。但是，莎莎在發現問題的第一時間就向吳強說明原因了。

吳強聽完莎莎的解釋，大發雷霆，向莎莎大吼道：「妳是小學還沒畢業嗎？怎麼這麼簡單的事情都做不好，妳這點事，連清潔阿姨都會做了！妳下次要是再犯這樣的錯誤，就直接去財務那裡結算薪水走人吧！」

總之，吳強在辦公室訓了莎莎將近半個小時，幾乎把所有難聽的話都說了一遍。莎莎一聲不吭，低著頭站在吳強面前，不停的摳著自己的手指。直到吳強口渴了才放過莎莎。

訂錯了機票的時間，是一件這麼十惡不赦的事情嗎？難道不能改正嗎？需要發這麼大的脾氣嗎？

當然不是。訂錯了時間，大不了申請改時間，改時間不行退票重新買也行，說到底不過是線上操作，或者電話就能解決的問題。對於別人來說，助理訂錯了機票時間，提醒兩句就過了。可是吳強卻要大作文章，讓莎莎在同事面前下不了臺。

吳強是對莎莎有意見嗎？是想開除莎莎嗎？並非如此，以同事們對他的了解，他就是一個 EQ 極低的人，控制不住自己的情緒。

訓斥完莎莎後，吳強就匆匆趕去參加客戶的聚會了。因為出發得有點遲，吳強害怕遲到，就吩咐司機開快點，自己在車上閉目養神，準備和客戶大戰三百回合。

但是，半路上車子突然來了個緊急煞車，讓吳強一下子撞在前排座椅的椅背上。吳強睜開眼，急忙詢問發生了什麼事。司機說：「路上突然竄出來一隻野貓，差點壓死了，還

好我煞車踩得及時。」

「野貓？」吳強的聲音高了八度，「不就是隻野貓嗎？就算你撞上去能怎麼樣？」

「這不能怪我吧，我怎麼知道路上會突然竄出來一隻野貓？」司機解釋道。

「你開車的時候難道不應該仔細看看前方的路況嗎？不應該集中注意力嗎？你多注意點，提前看到那隻貓，不就能避免緊急煞車了嗎？」吳強又一次發了脾氣，這次的發洩對象成了無辜的司機。司機感到很無語，這未免也有點太強詞奪理了吧。

終於趕到了聚會的飯店，眼看著客戶進了電梯，吳強快步追上去，但是他只看到客戶沒看到經過身邊的服務生，撞了上去，往後退了幾步。吳強的火爆脾氣又被點燃了，根本不顧自己在公共場合，直接衝著服務生大聲吼：「你怎麼看路的，沒看見顧客也在走嗎？你應該把路讓開！」

「是您先……」服務生很小聲音的解釋。

還沒等服務生把話說完，吳強又說：「我不管是誰的錯，但是事實就在這裡，你看，我的衣服剛剛也在牆上碰髒了，去把你們主管找來，我們來好好談談處理方式。」

服務生站在原地不知所措。「怎麼，沒聽懂我說的話嗎？去把你們主管找來啊！」吳強的聲音越來越大，引來旁邊人的側目。

也有人過來勸說：「不就是把衣服碰髒了嗎，飯店裡有洗衣房，讓服務生幫你送去洗一洗。」

「算了吧算了吧，服務生也不是故意的，真不是什麼大事。」

吳強卻繼續不依不饒，可是抬眼看到自己想拿下的大客戶也被吵嚷吸引了出來，站在圍觀的人群裡看熱鬧，吳強想息事寧人了，但是已經全部被那位客戶看在眼裡了。

實際上，吳強遇到的所有讓他火冒三丈、喪失形象的事，在旁人眼裡都是不足為道的小事，根本沒必要發那麼大的脾氣，反而讓自己失了風度。但是，對於吳強來說，因為他不善於控制自己的情緒，所以只要遇到不順心的事情，就會拿身邊的人發洩一番。這樣做的後果，不僅讓壞情緒影響了周圍的人，還妨礙了接下來工作的進度。

正因為這個原因，原本吳強很有希望坐上副總的位置，結果一直在部門經理的位置上停滯不前。其實，按照他的資歷，不應該止步於此。如果一個人連自己的情緒都控制不好，又怎麼掌握自己的人生？更別說成就感了。

就我們大多數人而言，在生活和工作中難免會遇到讓自己煩心的事情。戀人和自己吵架了，沒有趕上截止時間交報告被上司痛罵，新買的衣服剛剛穿了兩天就脫線了，週末明明休息卻被老闆臨時叫去加班……假如你想讓自己活得輕鬆一點，把人生掌握在自己手中，就要學會調整自己的情緒，

別讓壞情緒影響你的心情，進而影響你的工作和生活。當你正在經歷難過、憤怒、不滿的負面情緒時，可以先自己排解一番，或者選擇一種合理的發洩方式。

除了圖中說的方法，當我們的情緒爆發時，要收斂自己的肢體動作，不要因為過度激動的行為傷害到對方。你也試著控制自己的用語和說話的語氣，盡量用平靜的語氣和對方說話，不要說一些過度激烈的詞語，以免把問題擴大。

說到最後，最重要的還是要保持一個冷靜的大腦，在做一件事情之前，想好可能會產生的後果，給自己暗示，讓自己控制好情緒。當我們能夠很好的控制情緒，就能很好的掌握自己的人生，成就感也就不遠了。

圖 如何控制自己的情緒

第 4 章

有趣的靈魂，讓別人看上你

　　有趣是一種心態，和金錢、學歷、性別、年齡都無關。有趣的人，不管在哪裡，都能以平靜的心態面對一切。人這一輩子，會被貼上各式各樣的標籤，比如人生贏家、比如八面玲瓏等等，但是不管身上被貼了什麼樣的標籤，都別放棄做一個有趣的人，變得有趣，也是一種人生成就。

學會把日子過得幽默一點

　　當你和戀人出現分歧的時候，為什麼一定要爭個你輸我贏？幽默一點就能化解矛盾；當你的工作出現紕漏的時候，何必要硬撐？幽默一點看開些，接受責備，下次不再犯；當你和朋友出現隔閡，為什麼要冷戰？幽默一點打破隔閡的高牆，又能「再續前緣」。

　　你發現了嗎，那些幽默的人身邊都有成群結隊的朋友，生活也很充實、很有成就感。其實，人生在世，怎麼會不經歷一些苦難呢？關鍵在於你怎麼看問題。那些幽默感十足的人，就像是燦爛的陽光，能為單調的生活增添一份樂趣，把喪氣變為奮鬥的動力。

　　夢琪是一個很有幽默感的女生，身邊的朋友都很喜歡她。她簡直就是個行走的能量機，走到哪裡都能活躍氣氛，讓現場充滿歡聲笑語。但是這段時間，「能量機」也沒有能量了。我問她發生了什麼事，她說是工作不順心。我覺得很奇怪，當時她為了進這家公司，履歷都做了三天三夜，現在為什麼會覺得工作不好呢？

　　夢琪說：「這份工作好是好，福利待遇好，薪水高，看上去挺完美的，但是公司的規章制度簡直就是沒人性。加上我們來了個新主管，又重新制定了一系列團隊工作要求，比如不能有辦公室戀情啦，辦公時間不能收快遞啦，上級安排

的工作要無條件服從啦什麼的，甚至要求我們見到上級主管要站定打招呼，不能走動，簡直喪心病狂。」

有一次開部門會議，夢琪對這位新主管的工作安排有些想法，就和旁邊的同事小聲議論了幾句，結果被主管當著所有同事的面狠狠責備了一番。當夢琪道歉時，主管又說她沒個性，一點都不穩重。

夢琪覺得很鬱悶，公司又不是軍隊，有必要這麼嚴格嗎？大家像機器一樣標準化執行，毫無感情的工作，就能讓公司越來越好嗎？

在新主管的帶領下，部門的整體業績確實提升了很多，但是夢琪現在覺得，這份工作除了能給她一份不錯的收入之外，她一點成就感都沒有。在每個季度的公司領導力考核中，夢琪給這位新主管的各項指標都打了滿分，唯獨在團隊領導力和凝聚力這一項，給了不及格的分數。

夢琪認為，辦公室一點人情味都沒有，單純靠每個人的業績和能力評分，能讓員工感到歸屬感和成就感嗎？更何況，上班嘛，開心也是一天，不開心也是一天，為什麼不能開開心心的上班呢？

一份好的工作，首先要讓員工覺得有成就感；一個好的團隊，首先要讓員工覺得有歸屬感。沒有人能保證一天八個小時全都在聚精會神的工作，再有能力的人也需要喘息的時間。同事之間聊聊天，開開玩笑，有助於活躍辦公室氣氛，

不僅能緩解疲勞，還能增強團隊的凝聚力，一舉兩得的事情，有何不可呢？

其實，在工作中，我們常常會遇到這樣的主管：你兢兢業業的工作，他覺得你太死板；你跟他「嬉皮笑臉」，他又覺得自己沒有威嚴。對於普通上班族來說，工作占據了生活的大部分時間，工作上的情緒，會直接影響生活的成就感。

不僅工作如此，愛情也如此。幽默一點能化解戀人之間的矛盾，把爭吵帶來的傷害降到最低。

夢琪的男朋友阿威比夢琪大十歲，髮際線有點後移，能看到年齡留下的痕跡了。夢琪第一次帶阿威回家見父母的時候，夢琪的爸爸開玩笑說：「阿威長得有點著急啊。」阿威並沒有覺得難堪，而是笑笑說：「叔叔，夢琪一直說您想找個成熟一點的女婿，看來我是超標了。」

同學聚會時，夢琪曾經追了很久都沒追到的男生藉著酒勁說：「自己當初不要的女生終於有人要了。」阿威聽到這句話並沒有生氣，而是舉起酒杯一飲而盡，感謝這位男生當初沒有跟夢琪在一起，這才讓自己有機會認識夢琪這麼完美的女生。

夢琪說，雖然阿威現在還在還房貸，車也舊了，但是，和阿威在一起的日子，每天都很開心，天大的事，在阿威眼裡都是微不足道的小事，再寡淡的生活都能讓阿威過得有滋有味。

　　幽默，不僅僅是哈哈大笑，調侃開玩笑，而是一種生活智慧，一種樂觀的生活態度。一個幽默、有趣的人，可以用輕鬆愉悅的方法和他人相處，化解尷尬，活躍氣氛；一個幽默、有趣的團隊，可以在輕鬆愉悅的氛圍中，激發員工的創造力，讓他們用更多的熱情面對工作，高效能完成任務。

生活中保持一些幽默感，能夠更容易的與人交流。

戀愛中的幽默感能夠增進感情。

工作中的幽默感能夠幫助我們在職場遊刃有餘。

圖 幽默感的好處

　　在這個社會裡，不管是工作還是生活，我們多多少少都會遇到挫折。當我們面臨這一切時，與其懊惱生氣，不如用幽默面對，一笑而過。當身邊的朋友遇到難處，一籌莫展時，與其費盡脣舌好言相勸，不如講個笑話博人一樂。

　　人生苦短，苦惱也是一天，歡笑也是一天，我們應該學會把日子過得幽默一點，替平淡的歲月增添一些成就感。

你識趣別人才會覺得你有趣

　　當你向朋友尋求幫助時，猶豫了好久才開口，然而朋友提供的幫助只是杯水車薪，甚至根本沒什麼幫助時，你會怎麼辦？絞盡腦汁求朋友再多幫點，轉身就說朋友不仗義？還是心知肚明，找個臺階離開？

　　當你向親戚推薦某件產品時，你覺得這件產品就像為他私人訂製一樣，但是親戚卻表示他根本不需要，你要怎麼辦？拿親情綁架他，強行讓他買下？還是到此為止，尊重對方的意願，不強人所難？

　　當你對一個人產生了心動的感覺，非常喜歡對方。但是不管你怎麼付出，對方就是不為所動，直截了當拒絕你時，你該怎麼辦？是死皮賴臉央求對方給你一個機會？還是就此別過，退到好朋友的位置？

　　在我們身邊，經常會遇到這樣的情況：有的人明明已經很優秀了，卻得不到認可；有的人明明就很善良，卻得不到別人的表揚。為什麼會這樣呢？

　　千秋剛進入職場工作時，因為剛畢業，缺乏工作經驗，又是老闆的朋友介紹來的，因此大家對她特別關照。

　　在職場，如果不是在非常重要的部門，大家最喜歡這樣可塑性很強的新人，最反感的也是像這樣白紙一樣的新人。

　　千秋恰好就是這樣的人。從小父母就對她百依百順，一

直到長大都沒吃過什麼苦，工作也是安排好的，千秋這張白紙是沒有任何皺紋的白紙。因為她的工作職位本身沒有什麼難度，入職以後，千秋很快就熟悉了工作，和同事們相處得也很愉快。可是，試用期還沒過，千秋卻發現同事們雖然表面上和自己相處融洽，但是卻沒有人真心對她。

在一次公司的聚會上，千秋說自己酒精過敏，用水代酒敬了主管一杯。可是後來大家到 KTV 續攤時，千秋玩得很開心，不自覺的就和同事阿凱一杯接一杯的喝起來。主管開玩笑問她，剛剛向自己敬酒時，為什麼不喝酒，太不給自己面子了。可是千秋卻說：「我可不是隨便跟什麼人都喝酒的。」主管的臉一下就垮下來了。

後來，千秋向主管敬酒，碰杯之後主管就乾杯了。這時千秋又說：「主管是前輩，我這種小輩敬酒，您當然應該乾杯了，我就隨意了。」

從 KTV 出來時，財務部門的姐姐已經去結帳了，公司聚會公司買單。這時千秋又不樂意了，大家好言相勸，千秋還是自顧自的買單了。她說：「我已經習慣了，我跟朋友出來都是我買單，反正我也不缺錢花。」

在這次聚會上，千秋打著向前輩學習的旗號，加了同事阿俊的通訊軟體帳號，在工作上合作了幾次過後，就喜歡上了阿俊。千秋一貫大膽，就向阿俊表白了，可是阿俊已經有女朋友了，就明確拒絕了千秋。

千秋覺得，只要阿俊還沒跟女朋友結婚，自己就還有機會。她每天上班都買咖啡給阿俊，找各種藉口增加自己和阿俊一起的工作機會，這讓阿俊十分苦惱。終於，迫於壓力，阿俊選擇辭職，徹底和千秋斷絕一切聯絡。

千秋始終找不到原因，論長相，她比阿俊的女朋友長得更好看；家境就更不用說了，為什麼阿俊會拒絕千秋呢？

在你的身邊一定有這樣的人，總覺得自己高人一等，因此認為自己做什麼都理所應當。在別人背後議論別人，把別人的傷疤當成八卦的內容；在反感的人面前，高調表達自己的想法，並以此自豪；為人處世處處帶刺，從來不顧及別人的感受，還以有個性自居。總之，他覺得自己就是中心。

在感情中，我們可以很勇敢、很主動，但是千萬不能用不恰當的方式表達自己的感情。你認為自己在掏心掏肺對對方好，可以以此贏得對方的真心。但是假如對方已經有了對象，你這樣做只會把那個人越推越遠。

在職場中也是一樣，為人處世本身就有很多「套路」，每個人都想有個性，有話語權，可是你真的配得上嗎？主管敬酒，你加以推辭，你向主管敬酒卻強迫主管喝；給你個臺階下你不要，給你點陽光就燦爛，這就不是有個性了，這叫做不識趣。

人生路漫長，你有理，不代表你一直有理。那些識趣的人，就算出了再大的洋相，別人也會給他個臺階下；愛得再

深也不代表就能白頭偕老，識趣的人，會為彼此留點體面，讓自己離開也很瀟灑。

實際上，人與人之間的交流，不管親疏遠近，都有一個底線。別人向你敬酒，你可以推辭，但是不能故意推辭；別人找你聊天，你可以保持沉默，但是不用故意不搭理對方；談戀愛時，你可以堅持自我，但是不要死皮賴臉；有了成就你可以慶祝，但是不能炫耀。

不管是生活還是感情，識趣的人會把事情做得越來越好，而無趣的人常常會讓人覺得很掃興。因此，只有當你識趣的時候，大家才會覺得你有趣。

活得有趣比活得優秀更有成就

我們身邊優秀的人層出不窮。比如，同樣一個企畫案，你需要三天做完，同事只需要一天，他比你優秀；同樣是鍛鍊，人家可以一口氣跑五公里不休息，你跑一公里就氣喘吁吁，人家體格比你好；同樣是上下班，你只能擠地鐵，人家卻能開車或者搭計程車，他的生活比你精緻。

幾年前，藝璇和曼文進入同一家公司實習，職位是產品文案企劃。入職的第一週，上司安排工作給她們，讓她們收集各個品牌的廣告語，然後再精選 100 條符合自家產品的。曼文學的就是廣告專業，工作做起來信手拈來，基本上，每

天花上半天就能做完了，剩下半天，她就跟公司裡的前輩學習新技能。

而藝璇是中文科系畢業的，對廣告一點都不了解，只能用最死板的辦法一點一點做，每天至少要花上五、六個小時，有時候還要加班。當她看到很好的創意講給曼文聽時，曼文一點都不激動，因為這些老師在課堂上都講過了。

三個月的實習期結束後，曼文和藝璇都順利轉正職了。曼文因為專業優勢，實習期間表現優異，轉正職後的級別比藝璇高一級。曼文做事非常有條理，效率也很高。比如早上九點半開始查找資料，十點半完成；十一點聯絡客戶；下午三點和客戶對接設計細節等等，每一件事情都被她安排得井井有條。

半年以後，曼文的部門主管升遷為副總，曼文就被破格提拔為部門主管。這也是公司有史以來最年輕、升遷最快的主管。而藝璇卻還在原本的職位上默默奮鬥。藝璇慢慢發現，曼文和自己的話題越來越少了，約她一起去看電影、逛街、吃飯，曼文都沒空，要麼是在加班趕企畫案，要麼就是在和客戶對接，總是，藝璇很少看到曼文休息。

又過了一年，藝璇因為個人規畫的關係，辭職跳槽到一家新媒體公司，跟曼文的聯絡就越來越少了。偶爾出來見個面，就吃飯一個多小時的時間，曼文都在忙著回覆郵件，兩個人講話不超過十分鐘。

藝璇問曼文：「妳有必要這麼賣命嗎？」

曼文也很無奈，她說：「我也沒辦法啊，在其位就要謀其事，現在資訊變化這麼快，我不努力一點，被後來的人取代了怎麼辦？」曼文現在幾乎沒有自己的時間，她的時間除了拿來睡覺就是上班，連認識新朋友的時間都沒有。曼文說她其實很想放個假，但是一想到競爭對手正在挑燈夜戰，她就一點都不累了，她覺得自己還沒有優秀到可以休息的程度。

難道工作的意義，就是讓自己「優秀」得連休息的時間都沒有嗎？

也許你的企畫案客戶非常滿意，但是你卻不如別人通人情世故；也許你思維很活躍，但是你不如別人穩重；也許你工作能力很強，但是脾氣卻很衝動，同事都不喜歡你；也許你在職場上是叱吒風雲的大人物，但是在家裡，卻連最基本的煮泡麵都不會。世界上哪有完美的人呢？不會享受過程的人，即使有再大的成就，也體會不到快樂。

上次見面後，沒過幾個月曼文就辭職了。她說她現在精疲力盡，感覺生活既沒有目標也沒有成就感。說起工作，曼文說很羨慕藝璇，藝璇可以和同事為了一個專案選題吵得不可開交，為了一次次破紀錄的閱讀量淚流滿面。而她，早已麻木了「吩咐」、「執行」的工作狀態，絲毫沒有任何熱情。

我們小時候，常常被長輩教導「一定要成為人上人」。所以等我們長大，就不停的為了這個目標奮鬥，我們的眼裡

變得只有結果。可是人生就這麼短短幾十年，如果你的眼裡只有目的，因此錯過沿途的風景不是很可惜嗎？

誰不想成為一個優秀的人呢？只是相對於變優秀，我更享受在變優秀的路上看到的美麗風景。比如在一個悠閒的午後，什麼都不要想，放空自己，來一杯下午茶；而不是休息時還想著沒做完的工作，奮筆疾書。

所有的名號、頭銜和尊稱，多半是別人的恭維，也可能就是做給別人看的。這些賦予你的只是一個沒有靈魂的空殼，而真正讓你變優秀的，恰恰是那些生活中的小溫暖、小成就。如果你一直活在別人的標準裡，你不會覺得自己的人生很無趣嗎？與其如此，放下那些虛無的枷鎖，做一回真正的自己吧。

成為一個優秀的人，還不如成為一個有趣的人。對於我們來說，活得有趣，真的比活得優秀更有成就感。

永遠別放棄做個有趣的人

一個人的時候，哪怕房間再亂，作息時間再混亂，飲食再不規律，都覺得無所謂。因為只要遇到那個中意的人，就能秒變帥哥、美女；缺錢的時候，每天吃饅頭，擠公車上下班，穿的都是特價成衣也無所謂，等哪天發達了，照樣可以大吃大喝，穿金戴銀。

　　為了自己的愛情和理想，也為了逃離父母的束縛，子涵大學畢業就提著行囊去了大城市。和大學同學合租了一間小小的公寓，找了一份和就讀科系完全搭不上邊的工作，拿著一份將就餬口的薪水，每天擠地鐵上下班，每逢節假日就宅在家裡滑手機、打遊戲。

　　對於大部分人來說，做事情都是三分鐘熱度，子涵也不例外。因為孑然一身，如果休息時間沒有朋友約她，她一定會宅在家裡一整天，觀看累積了一週沒看的電視劇，清洗累積了一週沒洗的衣服，餓了就叫外送，睏了倒頭就睡。

　　但是大學時期的子涵跟現在恰恰相反。每天寢室裡起得最早的就是子涵，她每天都要圍著宿舍大樓跑上好幾圈，出一身汗然後回寢室沖個澡。然後對著鏡子化一個精緻的妝容，搭配一身自己滿意的衣服，漂漂亮亮的去上課。不管有多忙，子涵都要去圖書館坐上一個小時，或是複習，或是找一本自己喜歡的小說好好享受安靜的時光。

　　大學畢業後，子涵去了大城市，她的男朋友卻因為父母的安排回了老家。分手後，子涵傷心了好久，把所有關於男朋友的東西都丟掉了。沒了男朋友，子涵也從一個精緻女孩變成了一個粗糙的樣子，她再也沒有晨跑過，只要不上班就絕不化妝，業餘時間也不看書了……子涵說，她過去之所以會晨跑、看書、打扮自己是因為想讓自己變得更好，配得上男朋友。現在和男朋友分手了，打扮了給誰看？

　　如果你也曾失戀過，就應該能體會子涵的內心。你是不是也有那麼一段時間，想透過苦肉計求得對方的憐憫，再次和對方在一起。可是最後，他並沒有回頭，而你也迷失了自己，已經不知道原本的自己是什麼樣子了。

　　後來，在一次公司團隊建立活動中，子涵和一個男同事很投緣，後來就在一起了。可是相處還沒三個月就分手了。子涵問他為什麼，同事說他覺得子涵太無趣了。比如，他看了一個好笑的段子講給子涵聽，子涵只是敷衍的笑笑；比如他特地選了一家很有情調的餐廳，子涵卻從頭到尾想吃夜市小吃；比如兩個人一起去看電影，他選了一部好笑的片子，子涵卻從頭到尾都在抱怨笑點老套、沒內涵……子涵一直認為，她以後肯定不會再為任何一個人做出改變，但實際上，她好像已經忘了自己原本是什麼樣子。過去那個積極向上、樂觀幽默的子涵，真的只是為了配得上前男友嗎？失戀後那個邋邋無趣、懶惰無聊的子涵，真的就是她本來的樣子嗎？

　　我們每個人應該都有過這樣的日子：為了一個不合適的人走錯了路，弄丟了自己；因為一件微不足道的小事，自亂陣腳，浪費了大好時光。子涵突然明白，人可以不優秀，但是一定要有趣。

　　子涵決定改頭換面、重新做人。她把書桌和梳妝臺整理乾淨。她又換上活力滿滿的運動裝，開始晨跑，她發現這個城市原來這麼有活力；她開始化妝，搭配好衣服再出門上班；

她挺直腰桿走路，發現身邊的人都是這麼意氣風發；她開始
安排自己的業餘時間，去健身、去圖書館、去約朋友逛街吃
飯，做出了這些改變，子涵發現自己的朋友越來越多了，也
有中意的男孩子追求自己了。

　　生活不就是這樣嗎？如果你把門窗緊閉，陽光怎麼會照
進來呢？你應該打開心門，走到外面，接受陽光的滋潤。
如果你還沒有遇到那個適合你的人，別著急，他一定還在
趕來的路上。現在，我們要做的就是把自己培養成一個有趣
的人。

圖 如何做一個有趣的人

　　不管是感情、工作還是生活，只要你始終對自己有希
望，少了誰你都能過得很好。哪怕只是一個人，你也要提醒
自己做個有趣的人。在床頭放上一張喜歡的照片，在窗臺上
擺一盆綠色植栽，伴隨著音樂看一本書，品一杯咖啡，在購
物中心買一件自己中意的衣服。

　　那個願意和你在一起、陪伴你的人，不是憐憫你，也不是因為擔心你一個人過得很悲慘，而是因為你很有趣，和你在一起的每一天都很精彩，他捨不得走。不論何時，都別放棄自己，別放棄做一個有趣的人。

把生活過得熱氣騰騰，而不是死氣沉沉

　　這樣的情況你遇到過嗎？已經和朋友們約定了時間，連餐廳都訂好了，只是因為多看了一眼貼在冰箱上的減肥計畫，就打消了聚餐的念頭；好不容易等到週末，洗完了衣服洗完澡，往床上一躺準備好好睡個美容覺，卻覺得大好週末就這麼睡過去豈不是太可惜，於是拿起手機滑社交平臺，接著看影片，結果凌晨三點才睡覺，明明是休息，結果弄得比上班還累……其實，世界上的大部分都在過複製貼上的生活。累的時候都想休息，餓的時候都想吃飯，無聊的時候都想找朋友陪伴。但是卻有一部分「清流」和大部分人與眾不同，他們累的時候告訴自己不能休息，要繼續奮鬥，否則會被後浪推倒在沙灘上；肚子餓的時候告訴自己不能吃，吃了就不能保持好身材了；無聊的時候告訴自己要珍惜獨處的時光，這樣才能變得越來越睿智……大學畢業一年後的某一天，浩軒參加同學聚會，他發現除了自己以外，其他的人都有一份安穩、體面的工作，聽著同學們眉飛色舞的講著上班

時候的趣事，他覺得自己格格不入。

其實，選擇工作還是不工作是一個人的自由，沒有哪條規定說大學畢業就必須要參加工作。浩軒之所以沒有工作，是因為他還沒做好準備。

這次同學聚會結束以後，昏昏沉沉過了一年的浩軒回想起自己這一年內沒有好好完成一件事：看書看到一半就莫名煩躁，經常失眠到凌晨兩、三點才睡，就連看個電影也會莫名其妙焦慮起來。他不想這麼渾渾噩噩下去了，決定幫自己做一個規畫。

浩軒是中文系畢業的，他規定自己每天看書50頁，讀到自己感觸很深的句子就抄寫下來，發到社交平臺或者部落格；每個星期看一部電影，然後寫一篇影評在社交平臺分享；每個月替自己採購一批新裝，每天下樓在公園裡鍛鍊一個小時；每半年讓自己來一次旅行。

半年以後的浩軒，不再是雙目無神，滿臉都寫著喪氣，一臉憤世嫉俗的樣子了，而是陽光開朗，臉上時常掛著笑容，渾身上下都洋溢著積極向上的氣息。他覺得，很多事情，如果一直沉迷在自己的小世界，是永遠想不通的，只有打開自己的心門，多和外面的世界接觸，才能為自己找到出路，體會到生活的成就感。

人類是有情緒的，如果一個人陷入某種負面情緒無法自拔，那麼即使這個世界再美好，在他眼裡也是灰暗的。在生活

中也是這樣，如果我們陷入偏執情緒，就會一直被這種情緒困擾，忽略身邊的美好。比如，你為了達到某個目標，把自己逼到了一個極限，明明是自己造成的，卻抱怨生活不公平。

依彤雖然是應屆畢業生，沒有什麼工作經驗，但是對於主管交代的事情，從來沒有推辭過，基本上都能獨立完成，就算遇到了問題，也能及時向前輩求助解決。她的辦公桌上總是很乾淨，工作資料和辦公用品擺得整整齊齊。每天上午喝一杯咖啡提神，中午吃自己帶的飯，除非有緊急工作必須完成，否則絕不加班。總而言之，工作對她來說是一種享受，而不是受罪。

在生活中，依彤也是一個很有趣的女孩子。有一天，她和朋友約好一起去郊遊，她很早就出門了。可是天公不作美，出門還沒多久就下雨了，朋友打電話來說不去了，但是依彤卻風雨無阻去了原本約定的目的地。她找到一個涼亭，把準備好的餐點拿出來，一邊聽雨，一邊吃著自己做的三明治。此刻四周俱靜，她獨自享受這一刻的安寧，好不愜意。

和同事約好一起去旅遊，可是卻因為起床太早坐過了站。同事因此非常煩躁，可是依彤馬上拿出手機查了這個城市的介紹，帶著朋友臨時改行程，在這個城市好好的玩了一天。

依彤的薪水並不高，房子也是和朋友合租的，但是，只要依彤休息，就會把家裡打掃得一塵不染，就連最難打掃的浴室和廚房，也看不到一點汙漬。她的臥室面積很小，但是

頗有少女心的她，特地在網路上買來很多可愛的小物品裝飾自己的房間。就算沒有陽臺，她也會在飄窗上擺上幾盆可愛的多肉植物。

現實中，像依彤這樣的有趣的人其實不是很多，因為大家都活得很累，工作壓力讓大家精疲力盡。有的人表面光鮮亮麗，其實家裡一個星期都不整理；有的人獎金拿很多，卻連一頓便宜的夜市小吃都不願意請自己吃；有的人在講企畫案的時候口若懸河，但是回到家一句多餘的話都不想說。

和事業有成、出人頭地比起來，能看到在乎的人向你露出微笑，得到朋友的信任，看到一路美好的風景，不是更有成就感嗎？與其追求那些遙不可及的名利、欲望，不如把這些精力拿來充實自己，要把日子過得熱氣騰騰，而不是死氣沉沉。

沒有愛好，你會無聊到沒朋友

不久前，鑫悅在家人的催促下和一位男士相親，為了避免冷場尷尬，鑫悅主動詢問男士工作之餘有沒有什麼興趣愛好，而男士卻直言不諱的說沒有，下班後只喜歡宅在家。

當時鑫悅就在心裡對這位眾人眼中「條件不錯」的男士滅了燈。因為鑫悅知道，一個沒有興趣愛好的人，他的生活一定非常無趣，如果每天下班後與這樣的人待在一起，大概連話都沒有幾句，更何況是共同語言？只怕自己也會慢慢變得乾枯無趣。

　　後來，氣氛很是尷尬，大部分時間雙方都在沉默。男士要請鑫悅吃飯，鑫悅找了個理由拒絕了，這次相親很快就結束了。經過這次相親後，鑫悅對相親有一種說不出的失望，在茫茫人海中，找一個趣味相投的人，是多麼困難，她不知道自己還要嘗試多少次失敗，才能遇見對的那個人。

　　慕妍也相親，但是她從不指望別人介紹，而是自己張羅，並總結了一套專屬於自己的方法，最後在相親中找到了自己的真愛。她認為最好的相親方式是培養健康的興趣愛好，在興趣群組中尋找，而不是盲目的見許多無關緊要的人，那是在浪費自己的時間和生命。

　　她非常喜歡騎自行車，於是就加入了一個自行車俱樂部，並在那裡找到了自己的老公。因為兩人都喜歡騎自行車，所以他們經常尋找一些有趣的路線，一起探索，在走遍大街小巷的旅途中創造了許多的樂趣，兩人的感情也因此越來越好。

　　慕妍的方法之所以會成功，是因為她是在自然中尋找真實，在自然中共同參與。只有在基於共同興趣的活動中，雙方才能表現得更自然、更放鬆，而不會像在刻意安排的相親中那樣緊張、不安。

　　在這種情況下，我們才能了解到人真實的一面，才能在互動中產生感情。雙方只有擁有共同的愛好，將來才能更好的生活在一起，才能融入彼此的生活中，真正達到你中有我，我中有你的境界。哪怕最終相親沒有成功，也能認識很

多朋友，豐富自己的人生，一個有趣的人，也可以過得很好。

俗話說「物以類聚，人以群分」，這個「群」指的就是按興趣愛好來分群。不管是戀人之間，還是朋友之間，共同的興趣愛好可以使彼此間的認同感更高，這才是良好關係的基礎。就連古人都明白，那些沒有興趣愛好的人，是不值得來往的。

明代文學家張岱說：「人無癖不可與交，以其無深情也。」他之所以不交沒有興趣愛好的朋友，是因為他認為沒有興趣愛好的人對每一件事都沒有投入什麼感情，也可以說，沒有興趣愛好的人對周圍的一切都是麻木的，沒有人情味。

而同樣生活在明代的文學家袁道宏，也對沒有興趣愛好的人沒什麼好感，他說：「余觀世上語言無味、面目可憎之人，皆無癖之人耳！」

培養一個興趣愛好，對我們來說有百利而無一害：

興趣愛好可以平衡我們的生活和工作

讓自己變成一個有趣的人

興趣愛好也有可能變成我們的飯碗

圖 培養興趣愛好的好處

　　沒有興趣愛好，會無聊到沒有朋友，而有興趣愛好的人，則可以透過愛好作為引子，與對方惺惺相惜，這種感情甚至可以超越身分與階層，最好的例子就是伯牙與鍾子期互為佳音的故事。

　　興趣愛好的培養不僅僅是為了相親，更是為了讓自己變成一個有趣的人，讓自己變得更有成就感。一個有趣的人，他的生活也會有趣，這種趣味不僅可以緩解工作的枯燥，而且還能疏解生活的煩悶。

　　不得不說，這個世界上不是每個人都喜歡自己的工作，可以說，大部分人都是為了生計，做著自己不喜歡的工作。如果都為了愛好，放棄自己的工作，那麼我們可能都要喝西北風了。人生苦短，活在當下，而最好的活在當下的方法，就是在自己當前條件允許的情況下，盡可能的讓自己活得更有趣、更快樂，這是理想主義與現實主義最好的結合。

　　有一位信奉現實主義哲學的學者，曾經在為畢業生演講的時候說過：「你找的工作不一定就是你讀的科系，也不一定是你心裡喜歡的，甚至會與你的性情格格不入。在這種情況下，工作就會變成了痛苦，更感覺不到欣喜和趣味了。為了生計而做那些不是自己喜歡的或者擅長的工作，就很難保持對知識和生活的興趣了，所以最好的辦法就是多發展一些工作之外的、正當的、健康的興趣與活動。」

　　當人們有了興趣愛好，才會覺得工作和生活有了期盼。

就算我們的工作是每天 8 小時都在擦桌子、拖地板，我們也不會感到煩悶，因為當這 8 小時過去之後，我們就可以去做自己喜歡的事，比如畫畫、唱歌、看書、園藝、遛狗等等，做這些稱心如意的事，才能讓生活不再枯燥，讓精神不再空虛。

沒有興趣愛好的人，哪怕他非常熱愛自己的工作，也會在工作多年後產生職業倦怠，一旦停止工作，生活就沒有了依靠和寄託，會覺得生活變得沒有意義，毫無成就感。

健康的生活狀態是相對平衡的，如果生活的砝碼偏向工作，那麼就會占據我們更多的體力和精力，一旦工作不順利，出現了挫折，那麼我們所有的期待都會落空，精神將再次變得空虛，甚至崩潰。

籽沫是一名自媒體的編輯，她非常熱愛自己的工作，幾乎所有的時間都給了工作，可是她的工作卻並不順利，每次的稿件總是因為各種原因被退，主編對她也頗有微詞，她對自己的人生感到很失望，總覺得沒有成就感，最近竟然有遁入空門的想法。如果她在工作之餘能培養一些自己的興趣愛好，那麼就可以在工作受挫的時候，轉移自己的注意力，讓有趣的事情激發她對生活的熱情。

興趣愛好可以平衡我們的生活和工作，可以讓我們感受到價值感和成就感。沒有興趣愛好的人，當他停止工作的時候，會突然找不到自己的價值，此時，他會努力的尋找存在

感，甚至介入子女的生活，希望子女能對自己百依百順，以此來獲得存在感。

呂悅的媽媽是一位非常熱愛工作的老師，退休後，她很不適應這種閒散的生活，也沒有什麼興趣愛好，以至於內心的苦悶沒有辦法排解，於是她把自己所有的心思都放在了女兒身上，每天不是嘮叨這，就是嘮叨那，不停的催婚，母女倆經常鬧得很不愉快。媽媽認為自己的用心良苦沒有得到理解，整日以淚洗面；而女兒則認為自己的生活被母親過多干預了，這種親情的綁架使她覺得窒息，所以採取了疏遠、躲避的態度。

如果呂悅的媽媽能有自己的興趣愛好，在退休後把精力分散在其他地方，那麼不僅她的退休生活會多姿多采，而且也不會影響母女之間的感情。

興趣愛好一定是發自內心的喜歡，而不是被脅迫，更不是功利性行為，雖然興趣愛好看上去沒有什麼實用的價值，但是如果我們能在興趣愛好的領域內變成專家，那麼就可以發揮愛好的神奇之處，甚至可以成為我們安身立命的另一種方式。

其實，許多知名的作家最開始並不是從事寫作工作的，寫作只是他們的愛好。不難看出，興趣愛好也有可能變成我們的飯碗，讓我們充滿成就感。

把自己的愛好做到極致，總歸是有好處的，這一點不僅

適用於名人，同樣也適用於一般人。周航是一家公司的業務員，從小喜歡圍棋，有時候可以接連幾晚不睡覺，就為了下棋，就算是到了夢裡也只有黑白點，周圍的朋友都戲稱他是「棋聖」。正是因為對圍棋的痴迷，他無師自通，自學成才，竟然達到了業餘六段的水準，這讓他非常有成就感。他打算退休後進軍專業段位體系，專門收學生傳授圍棋。

正所謂天道勤酬，只要我們擁有正當的、健康的興趣愛好，還怕沒有成就感嗎？要不我們試試？時間會告訴我們答案。

得到的和想要的對不上又怎樣

你是不是經常有這種感覺，明明自己已經拚盡全力了，結果卻還是不滿意。為什麼我們那麼努力，卻還是得不到自己想要的？答案很簡單：你努力是一回事，能不能得到又是另外一回事。

朋友文博覺得，我們為什麼要拚命？不是為了得到勝利的掌聲，而是為了在拚搏的過程中悟出更多人生的意義。文博的人生頗有傳奇色彩，老天爺似乎特別「關照」他，不管他想要什麼，老天爺一定不給他。

上小學的時候，他努力了很久才當上班長，誰料第一天值日就不舒服，當著老師和同學的面，就在學校門口吐了，

事後，學校再也沒安排過他參加任何大型活動。高中的時候，他努力了很久才成為模範學生代表上臺演講，可是由於演講內容過於「搞笑」，被教導主任一頓狠批。

進入職場工作後，文博在一家外貿公司當業務員。主管無意間發現文博的文采還不錯，硬是把他調到了企劃部做文案工作。在企劃部待了兩年，正準備升遷為企劃部總監時，總公司又臨時把他調到外地擔任新公司副經理。在新公司做了兩年，因為擋不住一位朋友的熱情邀請，他辭職和這位朋友一起創業。

不過生活就是這樣，事情的發展總是會為你帶去一系列驚喜。文博說，當他正在經歷一段很難熬的時光時，也會自嘲，夢想值幾個錢？當他經歷過很多起伏之後，才明白奮鬥的真正意義。並不是跑完馬拉松全程才叫實現了目標，哪怕你只跑完半馬，也是人生新的里程碑。並不是成為千萬富翁才叫實現人生價值，你的收入一年比一年多，口袋一年比一年鼓，這也是成功。

小時候，常常聽長輩們說：「好好讀書，長大考個知名大學，當成功人士。」其實就算你沒考上知名大學，也不代表你就不成功。一個人是否有成就，不是靠學歷來衡量的。還有人說，你一定要做最優秀的那一個。可是什麼是「最優秀」？有固定的標準嗎？最優秀和第二優秀、第三優秀的差別在哪裡？大部分情況下，你不是比別人差，你只是缺個機會而已。

小南就不喜歡和別人談論夢想，她覺得夢想這件事說大了，別人會笑她好高騖遠，說小了別人會笑她胸無大志，反正怎麼說都是錯。

小南曾經特別喜歡一個男生 A，但是最後並沒有和這個男生在一起，反而是她那麼苦心追求 A，感動了 A 的好兄弟 B，最後小南和 B 終成眷屬了。

小南曾經嫌棄自己太胖了，為此她特地去健身房辦了會員卡，游泳、跑步、健身操、打拳擊，最後雖然沒有瘦下來，但是卻愛上了健身。

小南也曾以為自己不受歡迎，努力變成大家喜歡的人，為此她開始化妝、學習插花、學吉他，雖然現在還是有人不喜歡她，但是她已經不在乎了，因為她很享受現在有質感的生活。

小南說，以前的她是一個被夢想挾持的木偶，直到她放下夢想的執念，才發現就算自己當一條沒有夢想的鹹魚，也很開心。真正的愛情不是靠自己的卑微付出得來的，好身材不是靠虐待自己得來的，好形象不是委屈自己得來的，當你不再糾結這些時，你會發現，原來自己已經收穫了很多。

生活不一定會按照你規劃的路線前進，夢也不一定會如期實現。假如有一天，你發現自己想要的和已經得到的不對等，不用感到心慌，也不必感到失落，只要你努力了、付出了，生活一定會給你一個滿意的答覆。

沒人陪伴就自己陽光

在我們奮鬥的道路上，總會經歷一些孤單的時光。也許是一個安靜的夜晚，你躺在床上想著：為什麼我努力了這麼久還沒人來為我鼓掌？就這樣在黑暗的房間連燈都不敢開，因為害怕看到自己失落的樣子。

在追求真愛的過程中，總有一些難熬的時光，你非常想念他，想打電話給他、發訊息，可是又怕吵到他。甚至你乾脆把手機放在離自己遠遠的地方，眼不見為淨。

馮曉英非常喜歡吃甜品，她覺得日子已經過得很苦了，總要替自己找點甜頭。她非常重視自己的形象，不管是上班，還是逛街、看電影、吃飯，她一定要把自己打扮得滿意了才出門。不同的天氣，不同的心情，穿不同的衣服，用不同的香水。她覺得女生不打扮就出門，完全是對大好時光的浪費。

馮曉英有一個十分疼愛她的男朋友，比她大五歲。馮曉英加班到半夜餓得不行，他去幫她買宵夜送到辦公室。馮曉英休完年假回來的時候，不知道航班的他，在機場苦苦等待三個小時。馮曉英跳槽去新公司面試，他比自己面試還緊張，在面試地點樓下等她。

我相信，每一對真正愛著對方的戀人在說起戀愛中的細節的時候，都會有說不完的話，馮曉英也是一樣。她希望和

男朋友能一直這樣甜蜜下去，可是一輩子這麼長的時間，誰能保證不發生一點小插曲呢？

有一次，馮曉英因為執行過程中的一個細節疏忽，導致客戶非常不滿意，取消了合作，她也因此在公司例會上被主管狠狠的責備。她向男朋友抱怨完後，不堪重負的男朋友提出了分手。正在氣頭上的馮曉英想也沒想就大聲的吼道：「那就分啊，你以為我不厭煩你嗎！」

說分手的第二天，馮曉英就後悔不已。不是後悔說分手，而是後悔現在她同樣正在加班，可是沒人為她送最愛吃的宵夜了；休假回來，也沒人接她了；也沒人會擔心她是不是被炒魷魚了，下一份工作怎麼樣。

休假的時候，馮曉英只能一個人逛超市、買菜做飯，一個人看電視、洗碗；出門前她也不再化妝了，反正也沒人陪，打扮了給誰看呢？半夜餓了，打開手機點了外送，吃得滿嘴都是油，喝啤酒喝得兩眼通紅。

馮曉英不堪精神壓力，辭職在家待了一個多月，每天睡到中午才醒，晚上到了凌晨兩、三點都不睡覺。她還學會了抽菸，在陽臺上，看著樓下來來去去的行人，一根接一根的抽。

上大學的時候，馮曉英在社團聯誼上認識了男朋友。那時候她的男朋友剛畢業，作為社團前輩來給活動捧場。當時他的狀況不是很好，薪水低，又遇到了公司惡意欠薪，馮曉

英毫不猶豫的把自己生活費的一大部分借給了他。他抱著馮曉英，承諾一定要給她幸福。

馮曉英畢業的時候，男朋友被公司送到總公司進修學習。沒辦法，馮曉英只能靠自己的能力找房子、搬家，每天跟男朋友視訊、聊天，彷彿男朋友根本沒有離開她。

愛情最可怕的不是到最後兩人的感情越來越淡，而是明明歷盡千辛萬苦走到一起，他卻突然要隻身遠走。

分手後，馮曉英在家裡來了個大掃除，她把所有和男朋友，哦不，是前男友的東西全部扔了，換了一個新的社區，買了一個鮮豔的懶人沙發放在小陽臺上。旁邊放了一張精緻的小桌子。週末，坐在陽光充沛的陽臺上，練練字、看看書、聽聽歌，日子過得好不悠閒。

失戀為什會讓人魂不守舍，甚至還有人殉情？是因為他習慣了這個人，這個人一旦離開，他會無所適從。就像靈魂被帶走了一樣。馮曉英說，沒有男朋友的日子，她也能過得很好。如果沒有人陪伴，就自己把日子過得陽光一點。

不管是誰，都一定會遇到一個讓你心心念念的人，因為這個人，我們覺得什麼樣的成功都不重要了，只需要這個人在身邊。可是誰的成功沒有經歷過嘲諷和打壓？誰的愛情沒有經歷過不被看好和爭執呢？

不管是感情還是工作，我們都要經歷一段難熬的等待。等客戶同意你的提案，等戀人和你共進晚餐，如果客戶遲遲

不給你答覆，戀人遲遲不赴約，你要怎麼辦？心灰意冷還是泰然自若？

生活就是這樣，當你在凜冽的寒風中等公車時，它就是不來；但你飢腸轆轆想大吃一頓時，就是找不到餐館。與其罵司機會不會開車，不如拿出手機看看電子書、滑滑社群媒體；與其罵這個地方怎麼這麼爛，連個吃飯的地方都沒有，不如打開導航搜一搜最近的餐廳在哪裡；與其埋怨老天爺不公平，為什麼不替自己「分配」對象，不如乘此時機提升自己，吸引有緣人。

兩個人有兩個人的甜蜜，一個人也有一個人的滿足。當我們經歷失戀時，不用鬱鬱寡歡，不用把自己過成悽慘模樣。我們應該像馮曉英說的那樣，不管是感情還是工作，如果暫時沒有人陪伴，就自己把日子過得充滿陽光。

第 5 章
沒有堅持下去的理由，那就找一個重新開始的理由

愛，應該是兩個各自走著的人，慢慢的走向同一條道路，而不是，走著自己的路，期待著對方與你同行，更不是放棄自己要走的路，奔向對方的路。人生很短暫，青春更短暫，要主動去愛，去擁抱愛情，才能獲得你想要的愛情與成就感。

主動一點，別把愛情等沒了

　　人們常說：在愛情面前男生就應該主動。如果這個男生一直都不主動，那麼女生寧願錯過，都不要主動，好像這已經形成了一種社會常態，男生就該主動，女生就該被動。我們先來看一個小故事。

　　下午上班的時候，小雅的朋友發了一個訊息給她：「男人對容易到手的東西是不是都不會珍惜？」小雅的第一反應是：糟了，朋友分手了，而且是被男方甩了。她只好如實的回答道：「說實話，確實有一點。」

　　當我們還在上學的時候，買個小玩具會很隨意，可如果我們想要買一個昂貴一點的大玩具，那麼就要付出一點努力，比如幫爸爸媽媽做家事換零用錢，或者是考試達到多少分，或者是要存好一段時間的零用錢才能買得起。當我們終於如願以償得到自己想要的玩具時，比起小玩具會更珍惜大玩具，因為大玩具付出了我們的勞動與努力。

　　許多人都說，男生天生喜歡挑戰，在追求女生這件事上也是如此。如果一個女生用不了幾天就追到手了，那麼男生會覺得太容易，會失望，因此不會珍惜。網路上有不少女孩都在抱怨，說：「他追我的時候對我百依百順，非常好，沒多久我們就在一起了，可自從在一起後，他就像變了一個人，要麼愛理不理，要麼總是敷衍，為什麼會這樣？」這時

眾多的網友就會回答：「因為妳太容易得手了呀！」事實真的是這樣嗎？在愛情中不能主動嗎？

經歷了上一段感情後，樂蕊遇到了一個自己非常喜歡的男生，可最終兩人卻沒有在一起。因為當時樂蕊和男生都剛剛結束一段戀情，她害怕他們之間只是因為孤單才需要彼此，害怕他們之間的喜歡不純粹，害怕男方只是隨便撩一下，更害怕主動後被男生瞧不起……正是因為她害怕的東西太多，她始終都沒有主動出擊，所以他們彼此錯過了。

當樂蕊向朋友提起這段往事的時候，朋友說是她自己把愛情等沒了。因為她害怕的想法太多，卻從來沒有想過男生可能是真喜歡她，喜歡她的一切，包括她的容貌，她的身體，她的笑容，她的聲音。

樂蕊對朋友的話是贊同的，她說：「回頭想想，他好像是真的喜歡我，也是真的對我好，是我猶豫不決的內心讓我失去了一段愛情。」

過了一段時間後，樂蕊對朋友說她又喜歡上了一個男生，這個男生不僅優秀，而且還對她特別好，最重要的是兩人在生活上還有共同的興趣愛好，就連想法觀念都很一致，所有的一切都顯得他們很相配。樂蕊說：「這一次，我不會再想這麼多了，我要主動爭取我的愛情，我不想又一次錯過對的感情。」

在感情中，我們最害怕的是什麼？是當我們好不容易放

下矜持，打開心門，喜歡上一個人的時候，那個人早已離開。所以，當愛情出現時，不管是男孩還是女孩，都不要想太多，內心戲太足，有時候並不一定是好事，反而會讓我們錯過對的人。所以，在感情中，請做一個純粹的人，做一個主動的人，這樣我們的愛情才不會被自己等沒了。這句話送給所有還沒來得及回應的人。

有一句話說得好：你不主動，我也不主動，那麼我們的關係就會慢慢的消失。畢竟這個社會沒有誰離開誰，只有誰不珍惜誰，轉身以後，就是你我兩個世界。人這一生，有一個愛你、疼你、珍惜你的人，足矣。萬人追、萬人寵，不如一個人疼、一人寵，不是所有的人都會對你掏心掏肺，遇見了就是緣分，主動一點，愛情和成就感就屬於你。

當人們面對愛情的時候，都會猶豫不決，不管我們看了多少書，聽了多少故事，都過不去自己內心的坎。

子桉與女朋友因為一點小事吵架了，因為這段感情中一直以來都是子桉主動，可是這一次，他有些生氣了，心裡很煩，便賭氣的想：「哼，每次都是我主動認錯，這次我偏不主動，看妳會不會主動聯絡我？」

可是一天過去，一個星期過去，一個月過去了，兩人都沒有主動與對方聯絡。如果說最開始的時候是因為賭氣，怕認輸而沒有主動聯絡，那麼後來則是因為不知道該如何說出口，就這樣，兩人的愛情無疾而終。直到多年以後，他們才

從朋友的口中，明白了對方的心意，可是為時已晚，愛情被他們等沒了。

愛，應該是兩個各自走著的人，慢慢的走向同一條道路，而不是，走著自己的路，期待著對方與你同行，更不是放棄自己要走的路，奔向對方的路。人生很短暫，青春更短暫，要主動去愛，去擁抱愛情，才能獲得你想要的愛情與成就感。

社交平臺裡的那個人不是真正的我

在繁雜的世界中，許多人都在說著相反的話，做著相反的事。我們有多長時間沒有真誠的笑過？我們有多長時間沒有痛痛快快的哭一場？我們有多長時間沒有想睡就睡、想玩就玩、想做什麼就做什麼？

小時候，只要我們願意，我們就會把零食分給喜歡的小朋友，如果不喜歡，就可以說我不跟你玩了；現在，我們即使是喜歡一個人，也不敢隨意靠近，就算是遇到再不喜歡的人，也不能變了臉就走。

有時候，就連自己都在懷疑，我們是否具有雙重人格，一種是自己想要變成的模樣，一種是現在的自己。越長大，我們在乎的東西就越來越多。

小舒剛剛上國中的時候，在一次體育課上，生理期把褲

子染紅了，因此被同學們取笑了整整三年。在那三年裡，不管小舒怎樣討好同學，學業成績多麼優秀，同學們依舊用異樣的眼光看她。

高中時，有一個已出社會的年輕人喜歡上了小舒，每天在學校門口守著她、等著她，在那三年裡，不管小舒怎樣向同學解釋，都沒有一個同學認為她是「清白」的，更沒有一個男生敢靠近她，哪怕她身穿校服，溫婉善良，同學們依舊覺得她裝清純，認為她是一個不折不扣的「小太妹」。

讀大學了，小舒終於擺脫了同學們異樣的眼光，她勤奮努力、積極向上、參加各種社團活動，成為了一名她理想中品學兼優的好學生。

工作後的小舒終於變成了自己理想中的模樣，成為了一個好員工、好主管、女強人，在她的字典裡，從來沒有「不會」、「沒辦法」、「不行」，只有「如何完成」、「想辦法」、「一定可以」。

她在社交平臺寫著這樣一段話：「過去的不努力，構成了現在的你，現在的不努力，終會造就明天的你。」社交平臺裡的她或登上山峰，在雲霧繚繞的九宮格圖片上配上「你認為這個世界還不夠美，只是因為你站得還不夠高」；或參加各種講座、培訓，與各種大人物的合照，並配上「努力學習和前進的你，才有資格與優秀的人為伍。」

不管是加班、聚會還是看電影，不管是晨跑還是健身

房，她的社交平臺裡永遠都是美好而向上的文字：「人永遠都在不斷的前行，你可以減速，但不能停止，否則就會摔倒」、「指引我們前進的不是嘴巴，而是我們的手和腳，以及你的格局。」

相信每個人的社群好友中，都會幾個這樣的人，他們陽光，充滿正能量，總是把自己最美好的一面和積極的人生態度展現在我們的面前，給予我們信心和動力。

可就是這樣的小舒，也覺得自己沒有成就感，她原本以為變成了自己理想中的樣子就會有滿滿的成就感，可是她發現，當所有的理想都實現的時候，她卻把自己弄丟了。

其實，我們穿什麼牌子的衣服和鞋子，用什麼牌子的口紅和護膚品，上下班是搭計程車還是坐公車，又有多少人在乎？在我們的通訊軟體中，能有幾個朋友是可以不分晝夜的聊天的？我們發的社群分享文有幾則是真心誠意想要自己轉發的？明明不喜歡的工作，卻還是要周而復始的上下班，明明是討厭的上司，卻依舊要笑臉相迎。

加班熬的黑眼圈，用厚厚的粉底掩飾，被磨破了皮的雙腳，用黑色的絲襪掩蓋，身穿套裝、腳踩高跟鞋、臉上精緻的妝容一個不落。生活就是一種忙碌，不管工作是悠閒還是忙碌，用一杯茶，一杯咖啡對自己說一句「辛苦了」。下班後，即使在路邊攤和小吃店為自己點一份可口的飯菜，回到家洗個澡，滑滑社交平臺，這一切也可以很美好。

現實中的我們大多數都是這樣生活的，不管我們是活成了理想中的自己，還是變成了別人眼中優秀的職場人士，這一切看起來都是給世界一個美好的交代，給自己一個看起來恰到好處的安排，在平凡中找不平凡的自己，從平凡的生活中尋找成就感。

所謂的真實生活，它只不過是我們投射在社會上的影子而已。當我們難過的時候，雨滴是纏綿的；當我們開心的時候，雨滴是快樂。當我們愛一個人的時候，那個人就是上帝派來的天使；當我們恨一個人的時候，那個人就是撒旦派來的魔鬼。

我們每個人都會賴床，會撒嬌，會遇到困難，會茫然，甚至會委屈，會難過。可是，如果我們把這些生活中「真實」的部分發到社交平臺，會怎樣呢？有些憂傷和難過，自己明白就好，所以，當我們在生活和工作中遇到困難和挫折時，不要氣餒，要微笑的面對生活，對自己說一聲早安。相信這樣的自己才是心中那個想要成為的自己，才是真正的自己。

你沒那麼多觀眾，不用活得那麼操心

相信你也有過這樣的經歷，第一次去 KTV 的時候，緊張得不行，好不容易等到自己點的歌時，因為太緊張，開口的第一句就搶拍了，不僅如此，音調還高了許多，結果高音唱

不上去，破音了。你覺得超級尷尬，認為會被同伴嘲笑，可實際上，在場的人好像都沒有注意到你的難堪，也沒有人注意到是誰在唱歌，唱得究竟好不好。

第一次離開家鄉出遠門，各種擔心，在旅途中有人和你聊天，你怕沒有話題；在陌生的大城市，你怕不會搭地鐵；在新入職的公司，你怕同事們嘲笑你來自鄉下。其實，你哪有那麼多的觀眾，與陌生人聊天時，根本沒有人在乎你講的是什麼；搭地鐵的時候，根本沒有人注意你是否坐反方向了；在公司裡，根本沒有人在乎你是否來自鄉下地方。

第一次去參加朋友的婚禮，你把衣櫃裡的衣服翻了又翻，糾結到底穿哪一件會更合適、更漂亮，最後還特意去買了一件漂亮的禮服。到了婚禮現場後，你處處小心謹慎，怕自己鬧出笑話，事後你詢問朋友那天有沒有不合禮的地方，結果才發現，原來根本沒有人發現你當天穿了什麼衣服，做了什麼。

小瑜是一名自由撰稿人，在開社交平臺帳號之前，她向有經驗的朋友諮詢了很久。詢問朋友用什麼樣的頭貼更合適，發什麼樣的內容更吸引人，什麼時候發表有更多人看到，文章裡的配圖、色彩怎樣搭配才不會喧賓奪主，粉絲留言要如何回答才更顯重視……因為她覺得她的平臺就是為了讓大家看到她優秀、完美的一面，所以她在乎這些名稱、頭貼、圖片、配色等等，希望所有的東西都能盡善盡美。帳號

開通以後，她每天都按時發文，她經常問朋友她寫的東西好不好，會不會有人喜歡，請朋友給一些意見。

大概一個月後，小瑜發訊息給朋友，說自己不想再繼續經營社交平臺了。朋友問她為什麼，她說自己的文章每天轉分享的量不多，點閱量更是從未破百，這讓她沒有熱情，覺得大家好像不喜歡她的文字。

朋友安慰她說，萬事開頭難，所有的事都貴在堅持，要相信是金子總會發光。

小瑜的社交平臺停更了半個多月後，突然有一天又恢復了更新，但是這一次與上一次有些不同，她不再是每天更新，而是一個星期只張貼一到兩篇精品文章，而且文章的風格和內容也與之前有很大的區別。

小瑜對朋友說，她現在經營得很開心，因為她終於明白自己沒有那麼多觀眾，也明白了自己的初衷，不用活得那麼操心了。她覺得過去的自己太操心，總是擔心文章不夠好，內容長了怕讀者沒有耐心看下去，措辭太犀利怕讀者產生牴觸情緒，插圖太多怕影響文字的表達，發文時間太晚怕打擾讀者休息……可實際上呢？她所考慮的問題並沒有多少讀者在乎，就連真正注意她的人都不多。剛開始的時候，她非常有熱情，可沒多久她就出現了疲憊的感覺，每天雷打不動的發文也變成了她的負擔。

其實，我們不難發現，那些在生活中原本很單純的興趣

愛好，往往因為我們太想獲得人們更多的關心和反應，所以假想出許多的觀眾，於是，簡單事變得複雜了，興趣愛好也就變成了束縛。

你或許也有過這樣的經歷：第一次去練車，總擔心座位距離沒調好，油門煞車分不清，怕因此遭到別人的嘲笑，然而，並沒有人注意你；第一次去健身房，總擔心運動服太俗氣，動作不正確，怕因此遭到教練嫌棄，然而，並沒有人注意你；第一次參加馬拉松，總擔心鞋子太難看，中途退場會不會被別人笑話，然而，並沒有人注意你。

對於一個家庭來說，家庭成員裡的每個人都非常重要；對於你的另一半來說，你或許是他的一片天。但是，對於成千上萬個家庭來說，你的存在，並沒有你想的那麼重要，你沒有那麼多觀眾，不用活得那麼操心。

小瑜說她現在很開心，社交平臺的選題她不再糾結，內容也是自己喜歡的東西，就連圖片也是自己的，她不再在乎別人的看法。小瑜的平臺經營了半年後，累積了一些趣味相投的讀者，也能輕鬆、自如的與讀者交流，她說自己剛開始經營平臺的時候是她最痛苦的日子，總擔心這樣寫讀者不喜歡，那樣寫讀者會反感，不僅自己不開心，而且讀者也不喜歡，這麼操心的日子也沒有換來多少讀者的關注。

現在的她就覺得很好，不僅開心，而且也很有成就感，因為她明白自己並沒有那麼多觀眾，遵從自己的內心就好。

我們絕大多數的人都在平凡的位置上，做著平凡的工作，在平凡的家庭裡，過著平凡的生活。我們的圈子不大，對外的窗口也不大，我們所說的話，所做的事並不能引起太多人的關注，就算這樣又如何？我們依舊可以開心、快樂的生活，沒有必要生活得那麼操心，畢竟，我們沒有那麼多觀眾。

放心低頭，皇冠不會掉

小琴拉著朋友秋月的手說：「秋月，我真的好想大哭一場。」

秋月認識小琴已經六年了，這一次秋月來 A 城市出差，沒想到小琴對秋月說的第一句話竟然是她很想哭。

六年前，秋月還沒有離開 A 城市，大學畢業的小琴孤身一人來到 A 城市後，成為了秋月的合租鄰居，她們租的房子很小，但兩個女生住也足夠了。因為兩人上下班的時間不一樣，所以彼此不算太熟，偶爾碰上了就說幾句話。

小琴來 A 城市的第一份工作，是站在馬路邊向行人派發傳單，每天只有幾百元。後來，她找了一個銷售的工作，主要是電話行銷，薪水是底薪加抽成，但是最多的時候，一個月也沒有超過兩萬。雖然工作很辛苦，生活很拮据，但小琴的臉上始終都掛著笑容。

　　有一次，秋月好奇的問小琴：「妳為什麼會來這裡？為什麼妳每天都能笑得很開心？」

　　小琴說：「來這裡是為了追逐我的夢想，我所有的努力都朝著夢想而前進，這就是值得高興的事！」

　　是啊，現在說的最多的一個詞就是夢想，不管是在生活中還是在各種選秀節目上，人們最常問的問題就是：「你的夢想是什麼？」

　　秋月在心裡問自己，從最開始來大城市時的壯志凌雲，到後來的壯志未酬，再到現在的得過且過，夢想還在嗎？時間確實是最好的劊子手，它的技藝比庖丁還要高出許多倍，在它的屠刀下，我們的生活只留下了血淋淋的現實。

　　可是小琴和其他的人不一樣，她對自己的人生有詳細的規畫，甚至詳細到什麼時候找什麼樣的工作，什麼時候升到什麼職位。小琴說她之所以來大城市的第一份工作是發傳單，是因為她想鍛鍊自己的臉皮，要讓自己擁有被嫌棄、被辱罵後依舊能淡然自如的心態。而做銷售客服，是因為她想提高自己的表達能力和洞察能力，要讓自己能在最短時間內，了解客戶的真正需求。

　　就算是工作之餘，小琴也忙著參加各種培訓班，雖然都是免費試聽的課程。在她的房間裡，貼滿了各種激勵自己的口號，電腦桌上擺滿了經濟、銷售、人力資源、心理等方面的書籍。

　　但是，在這個現實的社會中，不是所有的努力都會有好的結果。小琴連續半年銷售業績都是公司的冠軍，正當主管要提拔她為銷售經理的時候，卻被嫉妒的同事惡搞了，不僅沒有成功升遷加薪，還丟了工作。

　　因為打擊太大，小琴把自己關在房間裡，整整三天都沒有出門，就連窗簾都沒有打開。在這幾天裡。秋月和她說了很多話，最後建議她趁這個時候，出去散散心。

　　可是小琴並沒有接受秋月的建議，一個星期後，她重振精神，化了一個美美的妝，面試去了。秋月問小琴：「妳這麼拚命是為了什麼？」

　　小琴笑著說：「我不低頭，因為皇冠會掉；我也不會哭泣，因為別人會笑！」

　　小琴來自鄉下，父母都是老實的農民，因為家裡沒有錢，所以高中畢業後父母就要她出去工作，可是她死活不同意，最後念了大學，她用獎學金和兼職的錢讀完了大學四年。畢業後，父母要她回家鄉找一份穩定的工作，她一聲不吭帶著僅有的儲蓄，來到了 A 城市。

　　秋月說：「其實妳不用這麼拚命，不一定要做給誰看。」

　　小琴搖了搖頭說：「我不是要做給誰看，我是要做給我自己看，我可以笨，但是我不能以笨為藉口過著平凡的生活，如果是這樣，當初還不如聽從父母的安排，高中畢業了就出來工作。」

　　換了工作後的小琴更忙了，幾乎每天都加班到深夜，一個月有三分之二的時間都在出差，後來她們見面的次數越來越少了。

　　現在的小琴早已成為了某公司的銷售總監，年薪數十萬，但是依然單身，依舊沒日沒夜的加班、出差。而秋月早已離開 A 城市，回到家鄉，每次秋月到 A 城市出差約小琴吃飯時，小琴要麼沒有時間，要麼就是在外地出差，就算按時赴約，也一直在忙著接業務電話。

　　直到有一天，她對秋月說：「秋月，我真的好想大哭一場，我累了，為了夢想按部就班的生活和工作，我真的很累，這樣的生活沒有成就感，我很茫然。」

　　小琴累到不知道什麼時候自己才能談一場理想中的戀愛，累到不知道什麼時候才能來一場說走就走的旅行，有些想法，一旦錯過，就成了擺在櫥窗裡的奢侈品。有人說，專注的人最有魅力，可是，一旦專注，你將錯過許多美麗。

　　我們鼓勵每個人都要擁有自己的夢想，但是我們不贊同為了夢想而拒絕愛和哭泣。如果你累了，不妨停下你的腳步，不要總是害怕別人會超越你，停下來是為了養足精神，更好的超越別人。如果你覺得委屈了、傷心了，不妨放聲大哭一場，不要總害怕別人的嘲笑，等你擦乾眼淚，你會發現世界依舊很清晰。當你需要低頭的時候，不妨低下驕傲的頭顱，不要總擔心皇冠會掉，有時候，低頭也是為了更好的抬頭。

　　放心低頭，皇冠不會掉，人生不必要那麼痛苦，如果你不幸福，抬頭又有何意義？

我選擇，我願意

　　當我們為了事業，三十歲還沒有結婚時，親戚朋友們就會說我們不孝；當我們為了結婚，耽誤了事業時，他們又會說我們目光如豆；當我們每天堅持鍛鍊，可體重卻並沒有減輕多少時，別人會說我們是瞎忙；當我們義無反顧的愛了一個人三、五年，卻沒有任何結果時，別人會笑我們瞎了眼。

　　小喬今年真的是流年不利，她在公司兢兢業業工作了四年，眼看著公司發展壯大，可沒想到，公司說倒閉就倒閉了；相愛了三年的男朋友，眼看著即將步入婚姻的殿堂，可沒想到，說變心就變心了。生活就是如此，總是朝著我們意想不到的方向發展。

　　兩年前，就有朋友勸小喬換一份工作，說小喬公司的老闆就是沒錢，糊弄員工，一個人做三個人的工作量不說，還動不動就加班，要她換一個有錢、有前途的工作，免得耽誤時間。可她不同意，朋友們都不明白她死心塌地賣命的工作是圖什麼？

　　小喬說，她不圖什麼，既不圖錢也不圖名，就圖高興。她喜歡一群有熱情的人為了一個方案、一個設計全力以赴的

感覺，喜歡一群人不論身分、不分彼此，就為了公司更好的發展。

其實，除了工作外，朋友們對小喬的愛情也很有看法。

小喬畢業於知名大學，家境優渥，而他的男朋友則是從小父母離異，學歷也不如小喬。但就是這樣，小喬也愛得死去活來，願意為了他放棄一切。小喬的家人、朋友都懷疑小喬被洗腦了，不管是長相、收入、家庭條件等等，小喬都能甩她男朋友好幾條街，不明白她圖這個男人什麼？

生活就是這樣，如此簡單、純粹，不是所有的事情都要圖個什麼。有些人喜歡音樂，即使他們在音樂練習室裡吃著簡單的便當，也覺得有滋有味；有些人喜歡表演，即使他們在劇組打雜，也樂此不疲；有些人喜歡看書，即使他們在圖書館當管理員，也覺得幹勁十足。

為自己喜歡的人和事投入關注，生活才會充滿生氣，才會有滋有味，成就感也會油然而生，至於最後究竟會不會成功，也就不那麼重要了。

在愛情裡也是如此，沒有那麼多為什麼，哪怕衣衫襤褸、一貧如洗又怎樣？就算風度翩翩，富可敵國又如何？這些都抵不過一句，我愛你。

的確，在人們看來，小喬確實挺倒楣的，但是她自己卻從來沒有後悔過，她認為只要經歷過了，結果如何不重要。

其實，現實中的我們又何嘗不是如此？當我們好不容易

找到一份高薪的工作時，別人說是錄用我們的公司沒眼光；當我們的工作待遇不好時，別人又說是我們自己沒眼光；當我們與一個非常優秀的人談戀愛時，別人說是我們的戀人沒眼光；當我們與一個處處不如自己的人談戀愛時，別人又說是我們沒眼光。可是不管是工作，還是愛情，難道開心不是最重要的嗎？

假如有一天，你身邊有人苦口婆心的對你說：「你的工作沒有前途，早些跳槽吧！」、「你選戀愛對象的眼光也太差了，早點分手吧！」你可以理直氣壯的對他們說：「我選擇，我願意！」

低品質的戀愛，不如高品質的單身

有些人喜歡戀愛的感覺，喜歡愛情時刻陪伴著自己，哪怕這份愛情很糟糕，也絕不放棄；而有些人則喜歡單身的感覺，認為這樣的生活才是自己想要的；還有一些人也想要愛情，可自從在愛情裡受了傷後，就選擇了單身。下面我們來看一看婧慈的愛情故事，來看看她對待愛情的態度。

婧慈大學期間談過一次戀愛，那是她第一次談戀愛，沒有什麼經驗，整個人都懵懵懂懂的，不知道愛情到底是什麼，也不知道該如何對待，整個戀愛過程從開始到結束都是渾渾噩噩的。

　　分手後的婧慈也反省了很多，包括當時雙方思想的不成熟，導致感情條件不足，以及各方面的原因等等。後來她覺得也許學生時代的愛情就是這樣的，總有些夢幻和不切實際，她在心裡告訴自己，等將來再遇到愛情的時候，一定要好好對待，也許會美好一些。

　　婧慈的第二段愛情是同事介紹的，是一個熱情、主動的男孩，我們暫且叫他李先生吧。第一次見面的時候，李先生就自告奮勇的為婧慈拿包包，為她撐傘，買水，吃飯的時候很主動的幫婧慈夾菜，這些都讓她很感動。

　　兩人第二次見面的時候就是單獨見面了，有了上一次的基礎，這一次，兩人相處得很愉悅。婧慈把自己最好的一面展現在李先生的面前，生怕自己給對方留下了不好的印象，而李先生還是像開始時一樣，熱情、主動、周到，對婧慈也非常好。

　　後來幾次見面下來，雙方感覺都很不錯，同事也意識到時機成熟了，於是再次出面撮合他們。李先生趁機表白，婧慈也就順水推舟的答應了。

　　雖然，婧慈也談過一次戀愛，但這一次，她還是有些不知所措。也許是太想經營好這段感情了，她把自己能想到的，以及聽到的、看到的與關於愛情的各個方面都羅列出來，然後一一的去做，李先生很滿意，說從來沒有遇到過這麼完美的女孩，並承諾會一輩子陪在她的身邊。看到自己的

付出得到了男朋友的肯定，婧慈別提有多高興了，更加努力的對男朋友好。

李先生剛開始對婧慈也非常好，很用心，讓她覺得自己是被愛的，是真的在談戀愛。但是後來，婧慈總覺得李先生有什麼事瞞著她，雖然李先生還是一如以往的像剛開始那樣對她好，但婧慈總覺得哪裡不對勁，感覺怪怪的，這也許就是女人的第六感。

剛開始的時候，婧慈認為是自己想多了，後來發現李先生對他自己的手機很在意，看手機的時候越來越長了，不管到哪裡都會把手機隨身攜帶。於是婧慈認定自己的想法沒錯，李先生確實有事。婧慈不想逼迫李先生把手機給自己看，因為那樣只會讓事情變得更糟糕。

有一天，公司派婧慈到外地出差兩天，婧慈告訴李先生要去一個星期，因為她想提前回來看看自己的猜測是不是對的。結果她晚上拖著行李箱，回到租屋的時候，發現家裡還有另外一個女人，她的出現嚇壞了李先生，因為李先生從來沒有想過婧慈會用這一招。

那個女人看到婧慈回來後，就速速離開了，還沒等婧慈開口，李先生就急忙解釋說，只是一個普通的朋友，不是她想的那樣。

婧慈問：「我想的是哪樣？」

李先生苦笑道：「反正不是妳想的那樣，就是一個普通

的朋友。」

婧慈也不傻，她不想再說什麼，李先生一直在解釋，結果越描越黑。婧慈說：如果你想證明你們只是清白的，就把手機給我看看。」

李先生當然不同意，他一口咬定自己和那個女人沒什麼。

婧慈說：「如果你不給我看手機，我們還是分手吧！」

李先生聽到婧慈說分手，急了，這才把手機解鎖後遞給她。結果不言而喻，手機裡面有大量的證據顯示，他們根本不是朋友，就是情人的關係。

李先生知道自己的謊言被戳破了，於是拚命的向婧慈道歉，要她原諒自己，說自己只是一時糊塗，也就只是手機裡的那樣，再沒有其他。婧慈不相信他的花言巧語，提出分手。

李先生知道事態嚴重了，跪下來，求婧慈不要離開他，讓她再給自己一個機會，不會有下一次了。

後來，婧慈還是選擇了留下來，但在她的心裡，她原諒不了李先生，心中種下了一根刺。從那以後，婧慈變得更敏感了，但凡李先生有一點不對勁，她都能發現。

後來，他們還是分手了，因為李先生還在偷偷的與那個女人來往，並沒有珍惜婧慈給他的機會。婧慈在心裡告訴自己：我的愛情為什麼要給這樣的男人？我一個人照樣可以過

得很好，為什麼要忍受他一次又一次的背叛？我也不想做一個出爾反爾的人，機會只有一次，我不需要這樣的愛情。

他們分手的時候，婧慈對李先生說：「如果你不能給我百分百的愛，那麼就一分都不要給！我不願意與其他的人分享我的愛情，如果是我的，請全部給我，如果不是我的，請離我遠點，朝三暮四的愛情，不如單身來得自在。」

結果，李先生又和上次一樣，道歉加下跪，雙管齊下，但是這一次，婧慈沒有再心軟，因為她明白低品質的戀愛，不如高品質的單身。她原本以為這一次的戀愛品質可以很高，可是李先生的背叛毀了他們的愛情。

經過這一次之後，婧慈也意識到，遇到渣男的愛情，即使投入得再多，品質也不會高。

故事中的女孩說得非常好，如果我們都能對愛情理解到這個程度，那麼在愛情中我們才不至於為愛昏了頭。在愛情裡，人人都有占有欲，沒有人能大方的把自己的愛情拿出來與人共享，而對愛情三心二意，有僥倖心理的人卻沒有意識到這一點的重要性，他們總是在破壞愛情。

你總有一天會明白：低品質的戀愛，不如高品質的單身！如果你真的意識到了，就不要盲目的去戀愛，當真正的愛情還沒有降臨時，請不要著急，好好的對待自己，就算是一個單身狗又怎樣？照樣可以把生活過得有滋有味，照樣可以在別樣的生活中體會到成就感。

如果你的愛情已經開始了，可是你發現這份愛情的品質真的很差，你過得很累，還不如你單身的時候，那麼此時你大可不必守著這份低品質的愛情。

其實，誰都想要愛情，這並沒錯，可如果我們得到的愛情不但沒有想像中的那樣美好，反而很糟糕，那麼還不如不要。如果我們不去衡量愛情的品質，只是一味的盲目追求愛情，那麼我們最終會被愛情所傷。不要真正等到被愛情傷害後，才去反思愛情的品質，我們要未雨綢繆，提前做好準備，最好讓自己有點原則，這樣才能避免低品質的愛情。

我們要堅持自己的愛情原則，不要輕易受到環境和他人的影響，我們的愛情無關他人，他人也不會在乎我們愛情品質的高低，所以，我們只要做好自己，堅持自己該堅持的原則，在愛情沒有出現以前，讓自己的單身變得更有品質，讓自己的生活充滿成就感。

我沒那麼大度，別老勸我糊塗

上個月，C 小姐終於提出了辭職信，對於 C 小姐的離職，劉琛沒有挽留、沒有談心，更沒有詢問工作的交接情況，而是非常爽快的在離職申請書上簽下了「同意，請主管審批」。

原因無他，只是因為劉琛帶過這麼多實習生，沒見過像

S 小姐這樣的應屆畢業生，他巴不得 S 小姐早點辭職走人，更沒有慰留的想法了。

其他部門主管和同事都說：「也就是一個實習生而已，不用這樣，好歹也共事一場，在這個行業以後難免抬頭不見低頭見的，何必鬧得這麼不愉快。」

劉琛卻說：「我沒那麼大度，別老勸我糊塗！」

其實，S 小姐剛來公司的時候，劉琛看 S 小姐能力出眾，還特意帶她跑過市場，準備把她當人才培養。因為劉琛負責的部門人數挺多，他沒有精力對她特殊照顧，於是交代底下的組長要好好培養。

誰知，一個月後的工作匯報上，劉琛發現 S 小姐的評分極低。後來，小組長才反映說，因為 S 小姐的工作能力太強了，所以每次分配任務時，都像在求她辦事一樣，只要是她不喜歡的，絕不碰，做事拖拖拉拉。碰到不懂的，連資料都不查，直接不做，還說不想把時間都浪費在這樣的小事上。

後來，劉琛也幫 S 小姐換過好幾個小組，可每次她最多只能待一個月，而且每個月的工作總結，內容毫無創新和重點。劉琛把所有小組長都叫過來詢問 S 小姐的工作情況，結果所有人的回答竟然都是一樣的：「S 小姐能力太強，我們叫不動。」

更離譜的是，S 小姐還曾經向其中一個小組長發過這樣一個訊息：「我是碩士畢業，你只是大學畢業，學歷我比你

高，能力我比你強，之所以你現在能指揮我，不過是你比我多做了幾年而已，沒什麼了不起的……」把小組長氣得冒煙。

而 S 小姐拒絕接受任務的理由非常簡單：分配的任務，不是她喜歡的，不能發揮她最大的優勢，最關鍵的是她覺得小組長的能力與職位不符，她不服。

半年後，因為 S 小姐的工作考核實在是不達標，而且有很多次被行政同事發現她在工作時間玩手機、做私事，所以，公司決定只發給她基本薪資，所有的績效和獎金全部停發。

S 小姐知道後，先後到財務部和人事部大鬧了一場，最後非常蠻橫的鄭重告知公司：「你們這樣做是違反法律的，如果你們不把剋扣的薪資補發給我，我就去申訴檢舉。」

很快，這件事鬧得很大，公司高層要求劉琛一定要好好處理，以免事態擴大。

S 小姐對劉琛說：「我希望公司能給我一個說法，否則我就要走司法程序！」

劉琛看到 S 小姐的態度後，冷冷的說：「妳的合約中並沒有明確說明薪資的多少，但是裡面有一條明確說了，如果工作考核和考勤不合格，公司有權扣除妳的績效、獎金……走司法程序，公司沒問題，但是妳要考慮清楚，不管誰輸誰贏，妳在這個行業肯定是混不下去了。以目前的情況來說，

公司，妳是待不下去了，給妳一個月的時間走人。不走也可以，我們看誰耗得起，薪資方面妳就不要多想了，多一分都沒有。」

後來，那個被 S 小姐的訊息氣到不行的小組長還說劉琛是不是有些太過分了，一個剛畢業的小女生而已，不至於這樣處置。

劉琛說：「我不覺得有什麼過分的，人和人之間確實是要講情面的，但是如果對方不講，那麼我就沒有必要講。雖然我不是小人，但對君子我也沒有什麼興趣，你們都不要勸我了，我沒有那麼大度。」

俊謙也是這樣的一個人，他向朋友講述了自己年初遇到的一個非常蠻橫無理的客戶楊先生。

年初的時候，他們公司接了一個專案，幾百萬上下，這個專案從年初做到了年尾。剛開始的時候，在客戶的要求下，連著半個月都在開一些毫無意義的虛會，而且動不動就為了專案的事加班；之所以專案做了將近整整一年，是因為在專案後期，客戶楊先生經常反覆無常，哪怕是前一天晚上商定的事，第二天一大早就要反悔。

因為俊謙手裡的專案還蠻多，沒有辦法一直耗在這個專案上，所以就讓自己的助理小夏接手後面的事宜。由於楊先生三天兩頭的變動，致使專案進度緩慢，還總是訓斥小夏，說她太笨，一點能力都沒有，有一次竟然當場把小夏訓哭

了，當天小夏就打電話給俊謙說自己要辭職，俊謙好說歹說才安撫下來。

後來，公司又換了好幾個人去對接，沒有一個讓楊先生滿意。

在專案快要結束時，楊先生竟然說俊謙答應給他的幾萬塊錢還沒有收到。俊謙終於忍不住了，與楊先生大吵了一架。

有同事說，畢竟是合作關係，不必要鬧得這樣僵！

俊謙說：「合作歸合作，但是楊先生人品太差，總是向公司告狀說我沒能力，這就算了；把好幾個同事都罵哭了，這也算了；可拿了錢還一副不認帳的樣子，我實在是忍不了了。」

俊謙認為，合作並不意味著客戶就可以為所欲為，這樣的客戶，他只能撕破臉，他可沒那麼大度，要他假裝糊塗，他可辦不到。

有些人就是這樣，剛入職場，卻總認為自己能力超群，認為公司沒有尊重你的能力，讓你發揮自己的優勢，還一言不合就鄙視上級，認為別人都是傻瓜。可是一旦出了問題，就以自己年輕、剛入社會為藉口，認為是主管心眼小，不應該這樣計較。

有些客戶就是這樣，蠻橫無禮，明明自己連在社交平臺發文都錯字連篇，卻總要指點你文案應該怎樣寫，覺得自己

花了錢了，自己就是上帝；明明是自己的錯誤，卻翻臉就不認，還把責任推卸給別人，動不動罵人，說你沒能力，沒腦子，有些甚至還會人身攻擊。

不管是在生活中，還是在工作中，相信大家都聽過這樣的話：「難得糊塗」、「忍一時風平浪靜，退一步海闊天空。」

從小，父母就教導我們，要大方一點，不要太小氣，不要隨便生氣。哪怕心愛的玩具被別人弄壞了，最愛看的書被同學弄丟了，同事抄襲了我們的創意，也總有人對我們說：「要大度一點，不要太斤斤計較了。」

因此，當我們碰到不懂事的人時，總是包容；當我們碰到傷害我們的人時，總是忍讓。好像，我們就應該要當個好人、當個糊塗蛋，總是不停的安慰自己「善惡有報，時候未到」。

可是，我們憑什麼要這樣？又憑什麼要委屈自己呢？難得糊塗，重點不應該在糊塗上，而應該在難得上。我們可以在細枝末節上糊塗，但是在關鍵問題上，我們不可以糊塗，人生只有一次，我們要在有限的生活中，活出自己想要的生活，找到人生的成就感，遇到關鍵事情，要對別人說：我沒那麼大度，別老勸我糊塗。

頻頻回頭的人，注定走不了遠路

每個人的精力都是有限的，就連愛情也是有期限的。當我們的心裡住著一個人的時候，其他的人將很難再走進我們的內心；當我們的心裡想著一件事的時候，其他的事將很難被我們看見。

不僅愛情如此，生活也是如此。如果一個人總是「想當年」，那麼就說明這個人對現在的生活很沒自信；如果一個人總是頻頻回頭，那麼這個人注定走不了遠路。

小玲一直對她的前任念念不忘，她的前任在她最困難的時候，給予她很多的幫助，可是她的前任也在她準備下嫁的時候，向她提出了分手。儘管如此，小玲也時時刻刻想著前任，幻想著前任會回來找她。

每次和朋友一起逛街的時候，小玲總是不由自主的走進男鞋專櫃，找到一雙棕色的皮鞋，然後拍照發文：「看來看去，我還是喜歡這個顏色的鞋子。」

每次和同事一起吃火鍋的時候，小玲總是向服務生要一杯白開水，把紅辣辣的菜放在杯子裡涮一涮，然後拍照發文：「人生有時候不需要這麼火辣。」

每次和好朋友一起旅遊的時候，小玲總是自拍一組九宮格的照片，然後發文：「一個人的狂歡，終究沒有一群人的旅行來得熱鬧。」

　　她的圖文是發給前任看的，社交平臺裡的每一個訊息她都特別留心，生怕錯過前任的來訪。有時候，她會在深夜給前任發晚安的訊息，然後一直等，等前任回訊息，可是，等了很久都沒有等到她想要的回話。

　　好像每一個放不下前任的人，都會固執的認為對方一定會回來，因為曾經彼此那麼相愛。總是在心中幻想，再堅持一個月、半年、一年，他就會被自己感動，回到自己的身邊。於是，你的生活都是圍繞著他，總是想方設法的告訴對方，沒有他的日子，你很難過，你一直沒有放棄，一直在等他回來。

　　正是因為小玲的心裡一直裝著一個人，所以，其他的人就再也擠不進去了。

　　小玲分手一年後，朋友介紹了一個對象給她——劉先生。劉先生比小玲大五歲，是一家上市公司的業務經理，雖然不算高大英俊，但至少陽光活潑，最重要的是，他非常喜歡小玲。不管是生活上，還是工作上，只要是小玲遇到了困難，他都會想辦法解決。

　　然而，愛情就是這樣，你對她有情，她對你無意。如果劉先生能比前任更早出現在小玲的世界裡，那麼哪裡還有這個前任。可惜的是，小玲的愛都給了前任，就算分手了，也霸占著小玲的心，不管劉先生怎麼努力，終究打不開小玲的心。

　　朋友都勸小玲，劉先生真的很優秀，希望她能珍惜眼前

人，可小玲卻說，她喜歡像前任一樣普通的人，劉先生太優秀了，她不喜歡。

對小玲來說，因為她放不下前任，所以才走不遠，因為她對前任還抱有希望，所以遇到再優秀、再合適的人，她都能找到理由拒絕對方。

小玲擔心前任找不到她，手機號碼、工作，甚至連銀行的密碼都沒換；主管想提拔她，派她出國進修半年，她不願意去；家人、朋友向她介紹優秀的男士，她都一一拒絕。

在等待前任回來的幾年裡，小玲從韶華之年熬成了三十好幾的人，可前任轉身離開了。當聽到前任結婚的消息時，小玲把自己關在房間哭了一天一夜，後來她幡然醒悟：就算她一直站在原地等，前任也不會再回來了。

可是，當她終於認清這個事實的時候，一切都晚了。因為她多次拒絕公司的好意，最後只能停在尷尬的職位，升不了職，漲不了薪；因為她在最美好的年華錯過了許多優秀的男士，最後只能透過相親，嫁給了一個差不多的人，湊合過日子。

在人生的道路上，總會有風雨。最可怕的不是朋友的背叛，愛情的分離，而是經歷過風雨後，你不再相信友誼和愛情，總是頻頻回頭，錯失良機。人生真的挺短暫，我們不要花太多的時間去追憶往事，我們要向前看，才能發現更廣闊的天地和更美麗的風景，人生本可以更美好，那些頻頻回頭的人，注定走不了遠路。

第6章
好多時候，是我們想太多，才會如此難受

　　成長的過程，就是慢慢發現過去的自己有多傻的過程。只要我們能在錯誤中及時反省，並返回原本正確的道路，就是人生中一筆寶貴的財富。就算獨自旅行非常慌亂，生病沒有人照顧很悽慘，遇上渣男很心酸，但是當你結束旅程收穫一些人生感悟，大病初癒後明白應該對自己好一點，走出情感的傷痛知道怎樣辨別渣男，這難道不是一項成就嗎？

長大以後，我們就是自己的過來人

　　如軒是我的高中同學。認識他十幾年了，他一直在挑戰，他的人生格言就是：「趁年輕，一定要冒險挑戰。」他曾經旅行流浪、開過網路商店、在沙漠中露營、步行到新疆、騎行到西藏……在大家面前，如果不笑會顯得人很凶，但是跟他混熟了三分鐘就破功。每隔一段時間，就會看到他在社交平臺傷春悲秋「人間不值得」，一點沒有男子漢的樣子，一會又像充飽了氣一樣，奮戰到天明。

　　這些年，身邊的朋友們一個接一個組成自己的家庭，生兒育女。如軒卻還是孑然一身，別的男同學啤酒肚都多大了，但是他還是當年的少年模樣。

　　有一次，我們視訊聊天，攝影鏡頭那邊的他情緒高昂，說是在他們當地的老社區盤下一個店面，開了個頗有情調的咖啡館，和周圍的店家打成一片，差點成為當地紅人。

　　他說：「這就像是一道計算題，我做不到魚和熊掌兼得，不如就做減法，把自己認為最重要的部分留下，其他的捨去。」

　　那段時間，我很崇拜他，我雖然不是很理解這句話的深意，只是很興奮的覺得，他沒有按照公式般的人生生活，隨性而過，做自己喜歡的事情，肯定很自在，很有成就感吧！

　　直到後來，身邊的朋友出國的出國，外派的外派，在火

車站、機場揮淚如雨。我一個人在異鄉，連個說話的人都找不到時，突然想起他說的那些話。也慢慢明白，選擇沒有對錯，只有不同。

之所以會說這些，是因為最近朋友們遇到了很多問題：

「你說我要不要去進修一下啊？這個工作做得我一點成就感都沒有，我乾脆再去讀個學位，找個更大的平臺。」

「聽說你們寫業配文很賺錢啊，你看我可以嗎？一篇賺個好幾萬元是不是特別有成就感？」

……

在我的社交平臺，也時常會受到一些粉絲的私訊，跟我抱怨生活上遇到的問題，向我尋求幫助。我不會立即回覆，通常都是隔一段時間再問問事情怎麼樣了。

我這麼做的原因，一是因為人在最茫然的時候，很容易輕信別人的「讒言」，我不能替別人做決定；其次，我們彼此的生活環境不同，我雖然能理解他，但始終做不到感同身受，如果我絲毫不顧及對方的處境，自說自話，那就是不負責任。

有時候，我也會反問我自己：「妳做到哪一步了？妳收穫成就感了嗎？」往往這個時候，我會陷入深深的思考，要不就是馬上轉移注意力做別的事情，可是又有一個聲音反問我：「萬一妳出錯了怎麼辦？」盲從心理不會幫你找到成就感。

　　我常在社交平臺看到這樣的文章：「那些大城市的高階職場人士都過著怎樣的生活？」、「我有房了，可我也一無所有了」、「他到底愛不愛你，就看這五點」……這些所謂的建議不過是玩一些文字遊戲，讓你看完求一個心安理得罷了。

　　如果你一直這些內容當成金玉良言，難免會掉進雞湯的鍋，過著被雞湯掌控的人生。到最後你會發現，所有的是非對錯，不過是你自己的一念之差罷了。

　　這些虛偽就像是包裝在糖果外面的糯米紙，掩飾著黏掉牙的黏膩。如果你只是想想，而不付諸行動，一直在糾結，那麼你永遠在原地踏步。如此一來，難怪你沒有成就感。

　　成年的定義，不是以 18 歲為分界線。我無數次回首看那些自己奮鬥的日子，所謂吸取教訓，都是在後知後覺中覺醒的。

　　以前出門旅行，確定目的地後，我恨不得把所有行程計畫、交通路線、美食打卡地點都收藏下來，唯恐旅行的過程中出現什麼差錯。可是，當旅行的次數多了，漸漸發現，目的地已經不重要了，重要的是路上發生的人和事。

　　世界上的每一個角落都存在著未知的精彩，我們去到一個地方，必然會錯過另一個地方。既然錯過在所難免，不如盡全力享受當下每一個瞬間的美好。我甚至覺得，我們不用活得那麼用力，多一些「擦肩而過」，讓生活更有滋味。

　　就像做一道文科主觀題，有參考答案，但是沒有標準答

案。我們做了什麼樣的選擇，就會收穫什麼樣的人生經驗。
其實，我們不必加入人生馬拉松大軍，槍聲一響，就不要命
的向前衝；也不用一畢業就著急慌忙的找工作，坐在辦公隔
間敲打鍵盤，成為老闆賺錢的機器；更不用在大好年華就找
個過得去的人結婚過日子，每天家長裡短，柴米油鹽。

　　只有活得真實了，才會明白自己的所作所為到底值不值
得。長大以後，我們就是自己的過來人。嘗試不同的可能、
體驗不同的生活，才是走向成熟的唯一捷徑。

　　就算獨自旅行非常慌亂，生病沒有人照顧很悽慘，遇上
渣男很心酸，但是當你結束旅程收穫一些人生感悟，大病初
癒後明白應該對自己好一點，走出情感的傷痛並知道怎樣辨
別渣男，這難道不是一項成就嗎？

　　生活，要親自走一遭才知道什麼叫精彩。

與其做個「憤青」，不如做個「奮青」

　　我們都有過年輕氣盛的時候，青春的朝氣就像是噴發而
出的火山岩漿，遇到什麼事情都要發表一番自己的見解。當
我們看到同齡人們讚許、崇拜的眼神，那種成就感別提有多
滿足了，那時的我們，總自詡為「憤青」。

　　三毛有句話我覺得拿來形容「憤青」再合適不過了：「看
不順眼的人，一句話都不講，看順的，就把心也給了人。」

　　記得我上高中時，一天放學後，我和一個朋友結伴回家。我們聊著最近哪個明星又出了緋聞，哪個班上的男生和哪個班的女生告白了。我們倆就這樣在路上走著，背著沉重的書包，手上還提著裝書的袋子，突然聊起了今天校長發表的演講。

　　「我們哪還會記得什麼青年節啊，又不放假，只有校長這種老一輩的人才會記得，他們應該很有信仰。」

　　「我們也記得啊，只是沒有那麼深刻罷了。」

　　「我覺得這遠遠不夠，我們年輕人應該有個自己的節日，而且要過得更加熱烈！」

　　「是啊，我覺得我們就是被學業的壓力壓得喘不過氣來，已經很難找到年輕人的熱血了。」

　　……

　　關於這個話題，我們聊了一路。忽想起當年「憂國憂民」的樣子，確實有些幼稚可笑，雖然現在的我已經沒有年輕時候的熱血了，但是年少時的記憶一直在腦海裡散不去。

　　我們高中時的班長是個「馬屁精」，對老師點頭哈腰的樣子，同學們都很反感。對這種愛拍馬屁的人，我更是討厭到不行。我從來沒有把他放在眼裡，每次他有事找我幫忙，我都是「嗯嗯啊啊」的應付過去，好像跟他說句話，都會被傳染上「馬屁病」。

　　那時的我，以為這就是清高，這就是正直。現在卻覺得

當時的自己太幼稚，太輕浮，無緣無故就瞧不起別人。「憤青」的判斷，根本不講道理，只講感覺。

有一次班會課上，我們討論了一個很有爭議性的話題——大學入學考。班導師很開明，讓我們暢所欲言。我舉了手，站起來，像連珠炮似的把大學入學考從裡到外「罵」了一遍，說得鏗鏘有力，有理有據。坐下時，我感受到我的小腿都在發抖，全班同學都在為我鼓掌，我的虛榮心得到了極大的滿足，非常有成就感。

可是，當我長大後，明白的道理越來越多，才發現，自己當初那些「自大」的見解是多麼單純和局限。

憤青的我們會犯同一個錯誤，就是用自己的觀點和喜好去衡量事物。沒錯，我總是用非常尖銳、犀利的詞彙去抨擊那些我看不慣的人和事情，判斷的標準是什麼呢？即是我的個人好惡。

我只知道做一個耿直的人，有話直說，卻不明白自己對世界、對社會的了解只是冰山一角。我僅憑藉這「一角」就發表了整座「冰山」的言論。現在回想起來，我還有點尷尬，因為那些熱血的言論，我沒辦法對它們負責。

我原本以為，只要有立場、有觀點、有一腔熱血就能當一名憤青，憤青就只能對那些所謂的「不公」打抱不平，語言越犀利，用詞越尖銳就越有水準。這些「原本以為」都大錯特錯，等經歷了很多事情之後才發現，現實和「憤青思

維」恰恰相反，我們應該以理服人，而不是以「憤」服人。

慢慢的，我開始明白，與其當一個「憤青」，不如當一個「奮青」。我告訴自己，我要把那些年少輕狂的憤慨轉化為努力學習的動力，多學一點知識，多涉足一些領域。伶牙俐齒不是武器，只有讓自己的閱歷和知識達到一定高度，你才能讓別人信服，當「奮青」比當「憤青」更有成就感。

有時候我也在思考，我們為什麼會變成「憤青」呢？最重要的原因是因為我們不滿，所以我們想發洩，想要改變現狀。但是光憑幾句義憤填膺的話就能有什麼起色嗎？當然不是。新時代的我們，應該靜下心來，攝取更多知識，當好「奮青」，才能在面對不公時，有力的反擊回去。

假如我當初沒有走上憤青的「歧途」，現在也不會意識到當「奮青」的重要性。我依然會保持我的熱血和勇氣，但我不會再用單薄無力的語言去抨擊任何事物。我要好好當一個「奮青」，讓自己強大起來，用自己的知識和能力改變這個世界。

成長的過程，就是慢慢發現過去的自己有多傻的過程。特別是年少輕狂的我們，但是，只要我們能在錯誤中及時反省，並返回原本正確的道路，就是人生中一筆寶貴的財富。

假如你曾經也是一名「憤青」，那請試著慢慢改變，成為「奮青」，你會發現，你與理想，正一天比一天接近！

再見，假想敵

在不少女生的眼裡，一定有一個過不去的坎，就是現男友的前女友。為了打探到這位「勁敵」的消息，翻看男朋友的聊天紀錄和社交軟體，向男朋友的好友們側面打聽，生怕這位枕邊人對前任還抱有一絲幻想。恨不得給他一杯「忘情水」，忘記這段前塵往事。

如果這位「勁敵」長相一般、身材一般，就算了，如果對比後發現自己和那位差十萬八千里，那一定是這輩子都過不去的坎。

閨密慕青就飽受這位「假想敵」的迫害。她從小就爭強好勝，凡是「別人家的孩子」都是她的眼中釘。很不巧，我們社區裡的一個各方面都很突出的女生，和慕青從幼兒園到大學，一直都是同校，慕青一直被人勝過一截。好在到了大學，慕青奮起直追，和同系一個風雲學長戀愛了。

有一次，學長的好友過生日，找了慕青一起去。一桌子人喝酒聊天好不開心，聊著聊著，突然提到了這個「鄰家女生」。

同桌的其他男生說：「慕青，妳們倆認識吧，那個女生真的還不錯。有沒有男朋友？」學長見慕青臉色有變，趕忙圓場：「胡說八道什麼呢，哪有我們家慕青好看。」

男生又說：「欸……你之前可不是這麼說的！」

聽到這句話，慕青氣就不打一處來，飯還沒吃呢，就憤然離席了，從此以後，慕青再也沒有給過學長好臉色看。一直把自己放在受害者位置上的慕青，徹底消沉了。活在「假想敵」陰影下的慕青，整天擔心自己被超越、被劈腿、被無視，因此找不到一點生活的樂趣。

寢室的同學看她難過好心安慰，她說人家管得寬；學長對她包容忍讓，反而讓她變本加厲；同班同學獲得獎學金，她說學校不公平，有內幕……她對那個「陰魂不散的假想敵」恨之入骨，同樣都是女生，自己卻被她比得一無是處。還沒過三個月，學長就和她提出了分手，因為他忍受不了慕青無緣無故的脾氣和揣測。慕青十分委屈，打電話跟我哭訴她有多悲慘，多失敗。

「我以前不是這個樣子的，我怎麼走到今天這個地步了呢？」

「那個女生真的陰魂不散，我已經很努力了，最後還是被那個人比下去了……」

身為旁觀者，我不好隨意發表意見。其實我想告訴她，她最大的敵人，就是自己。她之所以會覺得這麼失落，這麼沒有成就感，是因為一直在作繭自縛。其實，只要你的內心足夠強大，沒有人能夠傷害到你。

大部分情況下，我們所謂的「假想敵」，所謂的「陰魂不散」，其實都是一些假象，對方並不是什麼「魑魅魍

魎」，但卻被我們肆意惡化。

心理學中有一個「投射效應」，人都是自私的，我們把自己的經歷、好惡、情緒、理念等強加到別人身上卻不自知。那些被你討厭的人，身上一定有一些你渴望或者和你相同的特質。你潛意識裡的自我保護機制開啟，你不會承認是自己錯了，只能「死鴨子嘴硬」，堅持認為自己是對的，錯的是別人。

所以，我們常常會遇到這樣的情況：現實生活中文質彬彬的人，一躲到電腦後面，就變成了出口成髒的「鍵盤魔人」；有的人說話口無遮攔，傷害到了別人的自尊心，卻以為人耿直自居；有些工作不順、情場失意的人，總覺得老天爺對不起自己，錯誤都是別人的，全世界就他最正確。這些人，絕不會從別人身上吸取長處，提升自己，只會挑別人的刺，來滿足自己內心那狹隘的成就感。

我又想到了三毛，三毛的一生活得非常灑脫，可是她也有一個「假想敵」，就是她的婆婆。三毛在《親愛的婆婆大人》中寫到，荷西在聖誕節的時候帶著三毛回家見母親，三毛覺得自己把荷西從婆婆身邊搶走，婆婆肯定恨死她了。於是一個勁的對自己說：「妳婆婆肯定恨妳恨到骨子裡了，她特別對妳反感，是妳的頭號敵人……」

在婆婆家待的那幾天，生怕做錯什麼事，被婆婆抓住把柄。所以平時非常注重和荷西的相處距離，絕不會像二人世

界一樣，坐在荷西的腿上，拿荷西當靠背，也絕不親吻他。

　　在文章的結尾，也算是個大團圓結局了，三毛寫到：「我終於殺死了我的假想敵。我親愛的『維納斯婆婆』，在號角聲裡漸漸誕生了。」

　　而現實和小說中相差甚遠。三毛對婆家的自私和冷漠抱怨不已，特別是在荷西去世後，她雖然提及不多，但那是很明顯能感覺到兩家的關係不是很好。三毛的一生都在追求認同感，愛與被愛，她要求的不多，只要簡單、純粹就好。

　　如果你也被「假想敵」困擾已久，嚴重影響到自己的生活，怎麼辦呢？有時候，不是別人逼你太緊，而是你把自己囚禁得太死。與其跟那些「假想敵」過不去，不如好好開導開導自己。

你最大的敵人，
就是你自己

其實「假想敵」
是我們的朋友，
而非敵人

不要以小人之心，度君子之腹

圖 如何擺脫「假想敵」

① 你最大的敵人，就是你自己

為什麼你對身邊的人、事、物都充滿惡意？因為你對自己都不夠友善，如何對這個世界友善？你憤憤不平的愛而不得，不過是在顯示你的無能。人生短短幾十年，快樂才是第一要務，不用事事都自己扛。有空的時候，不妨「沒事找事」，多替自己找些樂子，成就感自然會來。

② 不要以小人之心，度君子之腹

我們每個人都是一本書，當你在「閱讀」對方那本書時，能讀到什麼，收穫什麼，完全取決於個人能力。不要把你主觀的判斷當成客觀的事實。其實別人根本就不在乎你的「在乎」。

③ 其實「假想敵」是我們的朋友，而非敵人

以前在物理課上我們都學過，同頻率才能出現共振。你把他當作敵人，他又何嘗不是你上進的催化劑呢？說不定，你心裡把他當敵人，還能隨時督促你變得更優秀，讓你在低迷時不放棄自己。這些人，看似是敵人，其實就是你特殊的朋友。

如果你有「假想敵」，不妨放下內心的偏見，接納他，了解他，大大方方說一聲：「你好，假想敵。」

再多假閨密也不如一個真飯友

　　青春年少之時，一個人吃飯雖然輕快，但總會感覺很孤獨、落寞。

　　燕子每到吃飯的時間，總是拖拖拉拉來到取餐窗口，端起飯菜，然後巡視一圈，迅速的找到一個角落，飛奔而去。

　　最可怕的是碰到老師一臉攀談的樣子，直接落座到她的對面時，她的內心是抗拒的，因為那些她愛的肉啊、魚啊、香菇啊，會瞬間變得寡淡無味。

　　老師：「今天學校餐廳的菜還不錯啊！」

　　燕子：「嗯，還好。」

　　老師：「我吃完了，妳慢慢吃！」

　　就這樣，一頓午餐終於在尬聊中結束了。後來，燕子換了個同桌的同學，也因此有了第一位飯友。

　　那個時候，燕子叫她的同桌同學稀飯，對方叫她饅頭。她們在一起不僅對味更對胃，相處下來沒有一點尷尬。有時候週末沒課的時候，她倆一個探路，一個探店，滿城東跑西跑，很是歡樂。有一次，她們鑽進一家很有特色的小館子，兩人狼吞虎嚥，完全不顧吃相，一手油加一臉汗，可謂是毫無形象。同伴錯把米酒當甜品，咕嚕咕嚕幾杯下肚，連聲音都變了調。

　　待冬季來臨，雪飄大地，她倆手捧蕃薯，冰糖雪梨，相

互約定，等以後上了年紀，白髮蒼蒼之時，一定要相互攙著，東串門，西蹓躂，閒嗑瓜子，話家常，搓搓麻將，聊八卦。幻想著上午孫子來了開個伙，炒個家常菜，煮碗銀耳湯，下午睡睡覺，談談心。

聊著聊著，燕子的肚子餓得咕咕叫，引得同伴哈哈大笑。兩張青春的面孔，像極了豆沙包。

都說年少不知月長，青春雖短暫，但親密的夥伴早已戰勝時間，讓她倆的友誼堅不可摧。哪怕多年過去，暫別淡化了記憶，燕子也忘不了年少時吹過的牛皮：「我以後賺了大錢，一定請妳吃大餐。」還有同伴那張被米酒釀紅了的笑瞇瞇的笑臉，以及不小心踢到路邊的石頭，疼得受不了，坐在路邊大哭的樣子。

雖然世間處處充滿悖論，但唯有吃喝是不變的道理。真飯友就像是一碗暖胃的甜湯，它可以治癒我們的煩惱和憂傷。

在難得的假期裡，我們最喜歡的是，叫上兩、三個知己好友，相聚在路邊的燒烤攤，涼風襲來，喝著啤酒吃個串烤，好不愜意。可每當我們擬定聚餐名單的時候，打開通訊軟體，長長一串的好友名單，卻發現能約的人也就兩、三個。有些人因為工作太忙，實在抽不開身；有些人因為不喜歡吃辣的，每次吃飯都彆扭；還有些人總是忙著減肥、塑身，生怕長痘痘，聚餐也就變得索然無味了。

就連結帳也會出現煩惱，當我們跟他說各付各時，他卻說我們假惺惺；當我們搶著買單時，他卻推來擋去；還有些人，表面上很是大方、客氣，可背地裡又計較誰花得多，誰花得少。

一日三餐裡，包含著人們的七情六欲。有人說，飯局如考場，得失都在唇齒間。吃飯是次要的，重要的是透過吃飯把事辦成了才行。可是，在我們年輕人的世界裡，「酒肉朋友」有時候不一定是貶義詞。

就連甜鹹豆花都會引起南北朋友的味蕾之爭，又何況是不同的菜系呢？吃喝同頻率的朋友，想法觀念不會差太遠，不是嗎？

可惜的是，我們身邊的朋友總是來了又去，在人生的道路上，如果能遇到一個願意拿最好的四季與我們分享的朋友，人生得以圓滿，這就是我們最大的成就感。

小時候，約在一起吃零食就是好朋友，回到家中，丟掉書包，即使蓬頭垢面的吃零食，也覺得趣味繁多。可隨著時間的推移，能一起吃飯的知己莫過於「晚來天欲雪，能飲一杯無」。漫漫長夜，燈光暖而暗，座位又軟又寬，一桌人談天說地，好不熱鬧。

漸漸的，我們發現，其實一個人吃飯也沒什麼不好，我們不必花自己的時間等人，不必主動攀談，不怕尷尬，不怕笑場，不趕時間就慢慢吃，時間緊迫就狼吞虎嚥、吃完就

走，也很好。

　　與世界打交道，不管我們是自願的，還是不自願的，都要時刻守住自己的內心，要知道，再多的假閨密也不如一個真飯友。人生在世，飯友和知己一樣難尋，緣分到時，不管吃的是濃湯魚羹，還是清粥小菜；不管喝的是茅臺五糧液，還是自釀小米酒，和對味的人在一起，就是對胃的菜。

你還那麼年輕，不用一味的追求 CP 值

　　陳喆是一個漂亮的年輕男孩，長得俊俏，學歷也高，可偏偏就是個「注孤生」的命。平時就喜歡撩人，憑著自己的長相和撩人的話術與技巧，他身邊的女朋友一個一個的換，各種女孩應有盡有，可謂只見新人笑不見舊人哭。

　　有一次，陳喆和兄弟們聚餐，趁著酒興向眾人抱怨道：「談戀愛太累了，既費心，又費錢。」大夥都疑惑不解：「喜歡一個人，不是應該開心的事嗎？」

　　陳喆嚷嚷道：「開心什麼呀，兩個人一起出去吃飯不要錢嗎，誰出？如果吵架了，誰先低頭？如果她總是黏我，我又不想理她呢？」這話一出，眾人皆翻白眼。

　　其實，在現實生活中，像陳喆這樣把愛情當作「速食」的人不計其數，不知道從什麼時候開始，現在的年輕人做什麼都要追求 CP 值，幾乎成了現代人的通病。他們認為當

「我」變成「我們」的時候，開銷會翻倍，煩惱會增多，就連自由都受到了控制，如果遇見對的人還好，可如果遇見的人不對，還會把大量的時間浪費了，太不值得了。

不管是出於金錢關係，還是出於其他方面考量，他們會對愛情來個 360 度無死角考察，這樣他們才能輕鬆的遊走於愛情中，將所有的算盤都打在對方的身上。

有些人不管做什麼都始終秉持 CP 值至上，在網路上買東西，會先看店家的好評率；大學入學考填志願，會看科系就業率；哪怕是談戀愛，也只想找可靠的忠誠好男人。在浮躁的社會中，在功利主義的影響下，才剛剛 20 歲出頭的他們就感覺到了極大的焦慮，因為他們無法支付自己無盡的欲望和貪婪，這種極大的焦慮，讓他們的生活變得沒有安全感和成就感。

日劇《東京女子圖鑑》中的女主角綾，當過有錢人的備胎，當過服裝店老闆的小三，自己也養過小白臉，後來結婚又離婚。在這二十年間，綾一路打拚，從一個鄉下女孩晉升為 Gucci 高層，可以說她的每一次人生抉擇都是選擇了 CP 值最高的那個。

可是，綾卻從來沒有真正的滿足過、開心過，即使身居高位，她也覺得自己沒有成就感。這麼多年來，她被現實這個「大魔頭」洗腦了，只想著追求 CP 值，卻從來沒有想過自己到底要的是什麼，愛又是什麼。所有看起來美好的一

切，都只不過是一種隨波逐流。

相比而言，綾的媽媽更懂得生活的真諦。無論女兒在東京是怎樣的，她永遠都會在電話那頭說一句暖心的話：「不要自己一個人在家裡吃泡麵哦！」

最終，綾選擇了放棄高 CP 值，回到開始的地方，與以前的男閨密結婚了。這說明，人們追求的高 CP 值，不一定能解決生命中的終極焦慮。

當我們把虛榮心和得失心握得越緊的時候，我們反而會丟失得越多。生活中的我們，大多都是如此，在那些欲望中無限循環，無視自己的幸福感和成就感。說得通俗一點，其實，人們想要的，只是一個高報酬率、低風險的萬能答案而已。

人們總是在問：什麼科系簡單好讀？什麼科系前途好？什麼工作賺錢多？什麼工作離家近？卻從來沒有人問過自己：什麼才是你真正想要的？什麼才是你真正熱愛的？我們還那麼年輕，可不可以不要一味的追求 CP 值？

有許多人都是這樣，上學時，一味的埋頭苦讀，最後成為了一個毫無趣味，只知道死讀書的傻子；工作時，為了所謂的工作效率和成果，不顧身體的安危，一味的透支身體，最後因為太勞累，暈倒在辦公桌上。他們為了自己所謂的理想生活拚命，卻忘了任何事都是有極限的，一味的追求 CP 值，會讓人們失去得更多。

　　因為工作的關係，小娟認識了一位可愛妹妹，最開始的時候，小娟發現這位妹妹的社交平臺裡全是名牌的包包、鞋子以及各種奢侈品，心想這個人太虛榮了，不能深交。

　　可是後來，小娟發現其實這個妹妹還是挺可愛的，她的價值觀非常直白：「我只需要我自己喜歡的東西。」她拚命的賺錢，就是為了花錢的時候盡興，既滿足了自己心中的喜歡，又得到了成就感。

　　小娟問她：「妳這麼辛苦的工作，賺錢也不容易，錢花得這麼快，不心疼嗎？」

　　結果妹妹只回一句話：「不心疼，我認得清楚自己的心，付得起這個代價。」

　　其實這位妹妹說的也不算錯，她所在乎的不是東西本身，而是自己的內心，而那些太在乎 CP 值的人，很難為自己的心付出行動。

　　如果上班的唯一目的是賺錢，結婚的唯一目的是為了繁殖後代，那麼生活將不再有樂趣可言，煎熬會伴隨一生。如果我們用功利的眼光去看待世間萬物，那麼所有的事將變得毫無意義。

　　如沙特（Sartre）老先生曾經說過：「人生就是一堆無用的熱情。」想來這個世界上還有一種愚蠢，那就是：只會算計，不會權衡。生活本來就艱辛，我們為什麼不能為了自己的心，去放棄世俗所追求的 CP 值？就憑著自己的一腔熱情、

一份愛意，不好嗎？自己喜歡的東西，不要總是詢問別人的意見，喜歡勝過所有，千金難買我樂意。

有一顆平常心，更容易獲得成就感

沫沫的朋友又在晚上發訊息給她了：「我要和他分手，這次是真的過不下去了。」

其實，沫沫的這位朋友已經在這段戀情中苦苦掙扎了四年，在這四年中，他們的感情跌宕起伏，家庭劇裡的戲碼他們幾乎都上演了一遍。而不分手的理由卻是：「我們都見過雙方的父母了，如果分手了，別人會怎麼看我？」

沫沫深知，這一次的訴苦無非又和以前一樣，抱怨、委屈、發誓，一個不少，然後，又很快和她的男朋友拾起一地雞毛，和好如初。

朋友總是對沫沫說：「如果是妳，妳會怎麼做？分手？還是在一起？要是大家知道我們分手了，一定會笑死我的……」

這些所謂的假設背後，隱藏的是朋友的脆弱與無力，這種一波三折、分分合合的虐戀就像是朋友自導自演的苦情戲，每一集都哀怨萬分。

以前的沫沫，也喜歡鑽牛角尖。所有的心思都放在心裡，什麼事都讓對方猜，做得不明顯，又怕對方不知道，做得太明顯又怕對方知道了，自己的心思明明全在對方身上，

199

滿心的關愛，開口卻說不出半句好話。

後來，相識越久，架吵得越多，每次沫沫都泣不成聲，對方只好怯怯的說：「妳就直說，我到底應該怎樣做？」

現在回想起來，沫沫都覺得挺遺憾的，年少的時候，不知道「暗自揣測」是最傷害感情的。內心太精彩，才會讓我們活得這麼辛苦，這麼累，還不如用一顆平常心去對待生活，這樣反倒更容易獲得成就感。

與其讓焦慮擾亂我們的心境，使我們變得不快樂，還不如直白的告訴對方，自己內心的恐懼和不安。愛，是如他所是，而非我們所願。

不管你是在情場上，還是在職場內，盡量少替自己加戲。唐岩剛上班的時候，就是內心戲十足的年輕人，能力弱，卻又想得多。

剛上班那時，白天只要是他能看得到的，能聽得到的，都要做一番聯想；晚上也會忍不住想起白天在辦公室的糟心事，然後在內心做好辭職的打算；如果有不投緣的同事，會感覺對方的一舉一動都在針對自己。

後來，連他都受不了自己的內心戲了，他覺得自己憋得慌，活得很累，於是，他在電腦前貼上了一句話：「你對別人的注解，不能構成萬分之一的別人，卻是一覽無餘的你。」

這樣一想，其實每個人的內心戲似乎都不少。當話不投機，氣氛微妙之時，我們難免會想：「他是不是故意的，

故意在針對我？」甚至和朋友一起分析，這個人究竟值得深交嗎？

但其實，這些所有腦海中的小劇場十有八九都是自己的臆想，許多陳年舊事會被記憶粉飾，造成我們的錯覺。明明不是排擠，可我們卻整日以淚洗面；明明不是冷落，可我們卻主動退避三舍，以至於後來我們總覺得對方面目可憎，而對方呢，他也做出了負面的回應，對我們以牙還牙，結果就是兩人的關係惡化，很難再修復。

如果我們向朋友抱怨，誰誰誰心機太重了，有的朋友會說：「如果你覺得別人要害你，你就躲遠點；如果實在是躲不了，你就接招！」如果實在是不能做到彼此欣賞，那就做好自己，讓自己擁有一顆平常心就好。

週末的時候，我們一邊吃著早餐，一邊在想今天要做的事：洗衣服、晒被子、洗廁所、丟垃圾、給家人打電話、晚上出門吃個飯……邊想邊覺得煩躁，好不容易休息一天怎麼有這麼多的瑣事？最後，在煩躁中，事也沒做成，心情也不好，一天就這樣悄然過去了。

其實，很多時候，人之所以感覺自己活得很累，沒有成就感，是因為想得太多。

「我該不該繼續這份工作，沒有前途，好茫然？」

「男朋友對我很好，可是他不能給我想要的生活，到底要不要分手？」

「主管今天說的話到底是什麼意思？我要不要這樣做？」

這些內心的想法或多或少會削弱我們的銳利、磨損我們的心氣、澆滅我們的鬥志。如果我們的內心一直停留在過去，停泊在未來，那麼我們就不能集中精力活在當下，就學不會想學的東西，找不到理想的工作，追不到心中的女神。反觀身邊的大神們，他們就從來不會去糾結這些煩惱的人和事，他們總能快速的進入解決問題的模式。當那些戲精們還在糾結好壞、眥皆盡裂的時候，大神們早已整理好自己的心，想著如何才能更好的解決問題。

我們並不是讓你斷情絕愛沒脾氣，也不需要你凡事都洞察清楚無干擾，而是只需要你少一些算計，多一些鈍感力，這樣你的日子才不會過得苦悶，才會覺得人生有期盼，有成就感。

尤其是在選擇面前，要有一顆平常心，不要內心戲太足，要知道有捨才有得。山也要爬，廟也要拜，要面對生活，不要猶豫不決，選左還是選右？更不要把希望寄託在虛無縹緲的事物上，要創造屬於自己的美好生活，我們要選的，是自己那顆撲通撲通跳著的心。

請替你的「控制欲」減減肥

剛一坐下來，小偉就對朋友說：「我受不了了，我的女朋友是個控制狂。」

其實，小偉和他的女朋友兩人的關係一直都挺不錯的，只是他的女朋友比較黏人，剛開始的時候，你儂我儂，小偉沒覺得有什麼不好，可時間一長，小偉就有些受不了了。因為女朋友太強勢了，他倆的相處越來越像主人和寵物的感覺：

只要出去吃飯，手機必須定位，電話必須 24 小時待命，說幾點回來就必須幾點到家，所有的事情都要聽女朋友的，否則就鬧脾氣，萬一碰上女朋友心情不好，小偉又不聽使喚，那麼他就變成了最好的出氣筒。

每次女朋友都是用命令的語氣對小偉說話，而小偉每次都是唯唯諾諾，不敢出大氣，就算是這樣，依舊滿足不了女朋友不停許願的嘴。到後來，相看兩不厭變成了看了就討厭，女朋友的各種聲音都變成一種旋律——《金剛經》。

朋友聽完小偉的抱怨，只好苦笑道：「還真是為難你了！」

其實，每一個陷入愛情的女孩，都會有些作態，就像豌豆公主一樣，即使她隔著 20 床鵝毛被也能感覺有一顆豌豆在硌著她，愛情裡的女孩，不光身體是豆腐做的，就連心也是的。

　　可是，這種 24 小時隨時待命，每天嘮叨個不停，不聽話就冷暴力的生活，又有誰願意過？長期在這樣的環境下生活，對方願意當一個聽話的提線木偶嗎？愛情裡，最不能要的就是控制欲，越想要控制，就越容易失去。

　　有些人喜歡把「不對，你說錯了」，這樣的話掛在嘴邊，總是反駁別人的觀點，然後把自己的觀點強加在別人的身上，聽不進一點不一樣的聲音；總是按自己的計畫進行，如果發生意外情況，就會焦躁不安；如果發生了爭執，也不會主動解決，總是等著別人來道歉。

　　那些外表強勢的人，內心住著一個膽怯的孩子，其實，那些「控制欲」極強的人，在與人相處的時候，就像是在坐蹺蹺板，一頭坐著自戀，一頭坐著自卑，無法平衡自己的內心。因為自卑，所以總是患得患失，緊緊的握著自己手中的東西不放，生怕一不小心就沒有了；因為自戀，所以總是像長不大的孩子一樣，自以為是，以為自己是所有人的中心，看不到人際的邊界。

　　那些所謂的外部矛盾，只不過是他們內心自卑和自戀的對峙、冷戰和分裂，而由此表現出來的強勢，其實是為了掩飾他們內心的恐慌和沒自信。

　　電影《心魔》就是一場強烈「控制欲」下的悲劇：丈夫和女主角的妹妹私奔後，女主角把自己所有的心思都轉移到了兒子的身上，對兒子表現出極強的控制欲，孩子就是她的

全部，就是她的人生，在這種控制欲下長大的兒子整天遊手好閒、不務正業，最終淪為了殺人犯，即使兒子後來銀鐺入獄，也認為這一切都是媽媽的錯，與他無關。

直到最後的那一刻，女主角才恍然大悟，真正害了兒子的，是自己這麼多年來畸形的愛，是自己強烈的控制欲。

「你就聽我的安排不行嗎？」

「我都是為了你好，你為什麼不能理解我？」

「如果我說的你都做不到的話，那我們還是分手吧！」

……

現實生活中，像這樣的人不計其數，他們往往以受害者的面孔出現，然後以施壓者的心態待人。他們希望別人都朝著自己期望的方向改變，希望自己被無條件的滿足；他們時刻關注自己的情緒和訴求，卻往往忽略了別人的現狀、處境和心理狀況。

而對方出於各方面的考量，會選擇隱忍、服從和犧牲。但是雙方在這種相處模式下，即使再相愛的兩個人也會變成貓捉老鼠：一方窮追不捨，一方拚命逃竄，最後一拍兩散。

在戀愛中，我們可以打情罵俏、可以撒嬌、可以裝蒜、也可以撒潑，但是不能一切以自己的需求為出發點，否則終將作繭自縛。

明明雙方可以光明正大的聊一聊，非要偷偷的探聽對方的隱私；明明可以好好商量，非要強迫對方；明明是兩個人

的生活，非要自己一人全權掌控。

戀愛中的人們就像個大孩子一樣，用超強的控制欲來表達在乎，用石頭一樣的臭脾氣來掩飾自卑。有部電影裡的一句臺詞說得好：「愛不是免責聲明，不是隨時解渴的自動販賣機，更不是把對方變成第二個你。」

相處不是一人指揮一人聽，而是相互包容，相互理解，協同並進。所以，請替你的「控制欲」減減肥吧，讓相處變得更和諧，讓生活變得更美好。

我才不想嫁什麼潛力股

相信大家經常在小說和電視上看到這樣的話：「那個人雖然衣衫襤褸，但仔細看他的神態和舉止，眉宇間頗有霸王之氣，他日必成大器。」

琴子每次返鄉的時候，家裡人說得最多的就是：「小琴，妳也該談婚論嫁了，就算找不到門當戶對的，最起碼也要找一個潛力股！」

琴子一直覺得潛力股這個詞太抽象了，口說無憑，什麼叫潛力？難道是指他能在水裡憋氣三十分鐘不換氣？還是說可以為我徒手翻越雪山採摘雪蓮？還是說今天的他帶我住瓦棚，明天的他帶我住別墅呢？

都說莫欺少年窮，可花季女孩們想挑個現成的也沒有

錯。年輕的我們總是懷著美妙的幻想，看不起現實生活的
平庸。

有些女孩說：「如果沒有遇到我喜歡的，那我就嫁個有
前途的潛力股。」也就是說，她們嘴裡的「潛力股」等於
「會不會賺錢」。還幻想著三十歲以後，什麼都不做，也能當
上貴婦人。

不難想像這種抱著低價買進、坐等升值的人，會陷入怎
樣的困境：當對方的潛力遲遲沒有得到發揮時，她們一定會
心生抱怨，爭吵個不停，最後慘淡收場；或者說當潛力股升
值的時候，你能百分百確定他會不離不棄？所有的受益都落
到你的頭上嗎？

當然，如果能找到一個條件好、人品好、相貌佳的潛力
股，人生確實有可能會一步到位，但是，說到底這究竟是你會
運籌帷幄，還是你懶惰不自知呢？很多情況下，當我們憑藉僥
倖，獲得超出自己能力範圍之外的東西時，往往會損失更多的
東西。況且，我們都不是伯樂，更沒有辨識千里馬的本領。

如果一個人資質平平，智商、EQ 都不高，那麼這個人
是沒有辦法準確的判斷出對方是否具有真正的潛力。當一個
人的學識、閱歷和修養不足的時候，他的目光所能看到的地
方，都是虛妄的假象。

小雪的表姐不僅學歷高，而且膚白貌美，追她的人不是
歸國僑胞、高階主管，就是富二代，可是最後表姐卻找了一

個非常普通的姐夫。兩人沒有婚禮，只有蜜月，婚後，表姐從市中心的高級公寓搬到了郊區的小平房，表姐身邊所有的人都不看好他們的愛情，可是他們卻過得比誰都幸福。

表姐說，她現在的小日子很幸福，也挺舒適，而且也有成就感。下班後，養花弄草養魚，好不愜意，生活上雖然並不富足，但內心卻富足、適意。這麼多年來，能在半夜起床幫她買藥的人，也只有姐夫一人。

表姐說，年輕的時候，我們最多只能判斷下限，卻很難預估上限。當我們遇到合適的人時，不要想得太多，日子才會過得更幸福。

表姐的話究竟是對還是錯，小雪沒有辦法判斷，但是她知道，人生有太多的意料之外，即使我們有再多的謀略和遠見，在命運的捉弄下也會顯得膚淺。與其用一個硬性的標準和公式去衡量對方，還不如用我們的心去真切的感受、思考和體驗。

或許經常會有人問朋友：「男友一點上進心都沒有，每天都在混日子，這樣下去我們還會有將來嗎？我還要和他繼續嗎？」其實，比起答案，他們更需要朋友的認同感，他們甚至希望從朋友的口中聽到分手二字，這樣他們才有勇氣和藉口離開這個不爭氣的男人，才能坦然的退出這段感情。

但是，每一段感情中的皇冠都會生鏽，就看你怎樣去對待，是悉心的擦拭後，再戴上，還是隨手丟棄後，再尋找新

的皇冠？你要問問自己的內心，是否願意接受這樣一個碌碌無為的他？還是不能接受眼前這個平庸的男人？

如果你的心猶豫了，那麼你不妨放慢你戀愛的腳步。如果他手裡的牌本來就很爛，可是他在努力的打好，那麼你應該給予他應有的掌聲，而不是對他明裡翻白眼、暗裡嫌棄。如果他經過努力後還是相去甚遠，那麼即使你離去，也應該在告別之前吻醒他挺拔的靈魂。

就像上面的表姐所說，等你年歲漸長的時候，你會發現，其實嫁給誰，最後都是差不多的。未來本身就帶有太多的不確定性，如果僅僅用如果來定義結果，那麼就會出現眼高手低的情況。

「只有嫁個好男人，才能過上好日子。」

「至少，你得找個潛力股，不然就沒有好日子。」

「他一看就不是什麼潛力股，你還是要考慮清楚！」

不管是小時候，還是現在，我們都生活在這樣一個未來式的語境中。幾乎所有的人都用成功標籤看待人生，都認為潛力股才會讓我們的人生充滿希望。可是，所謂的前途和潛力又不是掛在臉上的，我們又如何能分辨真正的潛力股呢？

現實生活中，那麼多有緣無分的人，就連當初的山盟海誓都會變成感情的枷鎖，何況是老天爺的一縷紅線呢？能夠珍惜現在就已經很難得了，要想掌控未來還是言之過早。其實開心才是唯一的標準，那個他能否讓你開心，才是最重要

的。這裡所說的開心不是表面意義的嘻嘻哈哈，而是彼此間的一種滿足和成就感。

　　假如我們是拜金女，那麼錢就可以令我們開心；假如我們是文青，那麼對方的才華就可以令我們很開心……就是這樣簡單。

　　因為每個人的成長經歷、眼光和格局是不一樣的，所以對潛力的定義也是不一樣的。有的人認為隱忍、穩重就是有潛力；有的人認為頭腦靈活就是有潛力；還有些人認為家境優渥就是有潛力……所以，與其成天嚷嚷著說要找一個有潛力的男朋友，還不如先認清自己想要的到底是什麼。因為比起未來能給你更好的生活而言，努力培養自己愛與被愛的能力也非常重要。

　　當我們真正達到自己的要求後，才會擁有更多的選擇權。因為我們的選擇是遵從自己的內心，我才不想嫁什麼潛力股，就算嫁，我也會選擇愛情。

第 7 章
沒錯，我就是要過成就滿滿的佛系生活

　　我們最大的弊病就是太在乎別人的看法了，本來很簡單的一個決定，因為別人的一句話變得非常複雜。做一個佛系年輕人，保持樂觀的心態，需要我們在遇到挫折時往好的方面想。並始終堅信：「這只是暫時的挑戰，很快就會過去的。」當我們歷盡千帆，獲得成績時，回頭展望，原來那些曾以為度不過的難關並不可怕，挺過來了，就是成就。

人生要有大歡喜，也要有小確幸

　　上週和朋友聚餐，談到人生什麼時候最有成就感，大家聊得很熱烈。晚上回家後，我忍不住再次思考這個問題，突然發現，我最有成就感的時候，並不是他們所說的春風得意的時候，而是一些生活中的小確幸，這些小確幸讓我覺得生活很美好，我能把日子過得這麼充實，就是成就感。

　　上高中的時候，班導師規定七點十分必須到校。我每天定六點的鬧鐘，鬧鐘一響準時起床，迷迷糊糊中打開複讀機，再穿衣服去洗臉刷牙。迎著第一縷晨光出門，早餐店我永遠是第一個到，不用排隊，吃上一碗熱呼呼的湯麵，這是我的小確幸。

　　上大學時，期末考完最後一科英國文學史，走出教室徑直衝回寢室。整理好行李去車站，再慢慢坐車去機場，看著夕陽西下，馬上幾個小時後就能躺在我柔軟的大床上了，這是我的小確幸。

　　進入職場工作後，壓力很大，在夜裡時常輾轉難眠。這時候我會從床上坐起來，打開冰箱拿出食材和泡麵，煮一碗香氣撲鼻的麵，打開一部自己喜歡的影片，一邊聽著歡聲笑語，一邊吃著麵，然後酒足飯飽安心睡去，焦慮的情緒也一掃而光，這是我的小確幸。

　　從公園跑步回來，在回家的路上順便去超市買一些新鮮

水果。回到家後，躺在沙發上，打開電視，聽著新聞，喘著大氣，身上滲出的每一滴汗都散發著健康的氣息。想著自己的身體越來越好，這是我的小確幸。

收到好幾個快遞，一口氣搬回家，一個個拆開。把它們一件件擺在沙發上，看著用自己賺的錢買的衣服、鞋子、化妝品……再把零亂的快遞箱收拾整齊，這就是我的小確幸。

晚上下班一個人坐在計程車上，耳機裡放著自己喜歡的歌，跟著節奏幻想自己是一個蓋世英雄，身上肩負著拯救城市的使命。車子行駛在寬敞的馬路上，跟著音樂幻想一個又一個不同的故事情節，這一刻我覺得好放鬆，這是我的小確幸。

為了趕一個企畫案，加班加得昏天暗地，終於在截止日期前做完了。檢查完錯別字，拿著隨身碟去影印機印出來，再裝訂好放進抽屜。那一刻心想，自己連難度這麼大的企畫案都做好了，真是太了不起了。

連續敲擊鍵盤好幾個小時，又是排版，又是作圖，終於把要發在社交平臺的文章寫完了。長舒一口氣，伸個懶腰，這時門鈴響了，正好是點的外送到了。

當我拿到第一份薪水，收到銀行的通知簡訊，是我走入社會的第一桶金，我終於可以自食其力了，我感到很開心。

夏天的房間裡開著冷氣，吃著西瓜；冬天的房間裡開著暖氣，喝著熱茶，順便再看看自己很久沒有追的劇和電影，我覺得生活很愜意。

其實這樣的時刻還有很多。或許這就是村上春樹筆下的小確幸，微不足道但是非常確定的幸福。有些時刻的舒服是突如其來的，就像是邱比特的箭一下把你擊中，你會感到前所未有的滿足，讓你忍不住感嘆，原來生活就算沒有驚天動地的大歡喜，也可以活得很暢快。

我一直很喜歡兩句詩，有一句是李九齡的「莫問野人生計事，窗前流水枕前書」。還有一句是李涉的「因過竹院逢僧話，偷得浮生半日閒」。相比於那些大文豪憂國憂民的大情懷，這兩句詩簡直就不足掛齒，難道這些日常小確幸就不值得書寫嗎？

叔本華（Schopenhauer）曾說：「生命是一團欲望，欲望不滿足則痛苦，滿足便無聊。人生就在痛苦和無聊之間搖擺。」我不是很贊同他，有時候我們放下內心的欲望，就能發現，原來生活中還有很多小小的美好可以享受，這也是生活的意義啊！

我曾在網路上的問答服務看到這樣一個提問：「你為了什麼生活著？」有一個答案看起來有些文不對題：「糖醋排骨、拌雞絲、涼拌豬肚、什錦豆腐、炒蟹肉……」一下子說了好多個菜名，回頭想想也不無道理，吃好喝好也是生活的趣味之一。

到後來你會發現，吃過山珍海味、賺過黃金萬兩、收穫幾分虛名、拯救天下蒼生，或許能夠滿足你的一時虛榮與成

就，但是那些實實在在的生活，才是你最終的歸屬。人生固然需要大歡喜，但是點點滴滴的小確幸累積起來，也能讓你的人生充滿成就感。

人生總要做一些和錢無關的事

今年年初參加朋友的婚禮，遇到了多年不見的朋友裴晗，她說她想辭職去法國念書，我問她為什麼，她說：「我想過一過不為錢而生的生活。」

裴晗的家庭環境不錯，工作也很有前景。她跟普通的女孩子一樣，愛玩，喜歡花錢，喜歡和帥哥交朋友。時不時花個幾千塊訂個 KTV 包廂，和朋友開 party，一高興買個幾萬塊的包包也是常事，她經常感慨：「不缺錢的感覺簡直是太好了。」

「不過，等我出國以後，這種生活就不復存在了吧。」她好像有些失落，「我爸媽不支持我出國，他們不會給我生活費的，不過還好，這些年我還有些積蓄。」

再次跟裴晗聯絡上，是她上個月回國。她說，這次出國最大的收穫，是讓她學會了如何節約用錢和工作。她興致勃勃的跟我說：「我們學校開的講座有很多免費的三明治發放，我的同學還向我推薦了一個 app，超省錢的，每天我和室友一起去超市買菜，一起做飯，一起包餃子，一次包一個星期的分量放在冰箱裡⋯⋯」

　　看到她興奮的樣子，再對比一年前她為了追一個男生連夜排隊替他買限量版的鞋，這還是同一個人嗎？

　　不過對她來說，錢還是挺重要的，裴晗並不是什麼不食人間煙火的仙人。在法國的時候，她除了上課就是打工，為了讓自己過得更好一點，她不得不忙得像一個陀螺。她只是太喜歡學習了，她為了學習可以過「苦行僧」的生活，她可以不苛求物質生活。

　　「雖然未來不一定再過回以前那種生活，但是我在努力啊，說實話，我覺得現在生活比以前更有成就感。」裴晗如是說。她還是很喜歡錢，但是她更熱愛現在的生活。

　　我想起我讀大學時的一個老師，在一次課堂上，他向我們講述了他的人生經歷。他以前是一個上市公司的高階主管，後來實在是受不了那種忙碌而空虛的生活，就辭職了，到大學當老師。

　　但是他並沒有因此就憤世嫉俗，視金錢如糞土，在業餘時間，他也會去其他學校講課，為了存錢買一間房子給父母。錢還是很重要，沒錢怎麼生存呢？不過他現在在自己喜歡的大學裡教書，也辛苦也快樂。

　　我也挺喜歡錢的，如果我有錢，就不必為了一、兩塊錢的零頭跟人家爭得面紅耳赤；如果我有錢，就不必為了一個月微薄的薪水在老闆面前低聲下氣；如果我有錢，就不必為了節省一張機票錢，一個人在外地過年。

　　但是，如果我們把金錢看得太重要，就會被金錢支配，在做任何事情之前都會想到我會花多少錢？得到多少錢？而不是想到我能收穫多少經驗。在這種情況下，你只會過得像一隻被囚禁在籠子裡的金絲雀，還不如一直翱翔在自由天地間的野燕。這可不是雞湯，是事實。

　　實際上，在大部分情況下，成就感的多少和金錢沒有關係，和你對待金錢的態度有關係。很多人說，只有有錢人才配談成就感，這只是你的想法，怎麼能以偏概全呢？這個世界哪有這麼簡單，哪有那麼多放之四海皆準的道理呢？

　　由於工作關係，我認識了很多學者，他們才是兩耳不聞窗外事，一心只想做學問的典範。鞠躬盡瘁，只擔心自己去世前能不能為這個社會多貢獻一點學問。

　　大學時期，我在假期參加過很多志工活動，也因此認識了很多在偏鄉圖書館貢獻己力的義工。他們大多學歷很高，卻暫時推掉高薪工作，來到山裡頭教孩子們讀書。他們說：「錢隨時可以賺，但是這些孩子們現在不讀書，以後就錯過了讀書的最好時光，他們需要我們。」

　　進入職場工作後，我又認識了很多熱血教師和民間非營利組織的工作人員，他們四處停停走走，所做的事情根本不是為了賺錢，他們有一顆想改變世界的心。在他們眼裡，金錢沒有特別重要，他們也並沒有因為沒錢而喪失自己的人格。

有天晚上，朋友約我吃飯，不知怎麼的，我向他們講起了這些人的故事。朋友邊喝酒邊說：「妳以為他們不想賺錢嗎？只是他們現在能力還撐不起他們的野心罷了，只能在這些事情上填補自己的空虛，找找成就感。」我啞口無言。

我們常常聽到一句俗語叫做「笑貧不笑娼」，也有人覺得現在的社會輿論正在腐蝕社會底層的思維，賺錢才是王道。

點開那些點閱 10 萬次以上的文章，標題清一色都是：「女孩，自由的前提是經濟獨立」、「別在該賺錢的時候浪費時光」、「去賺錢吧，就像你一無所有那樣」。開門見山，一句廢話都沒有。很多人不僅為自己冠上這樣的價值觀，還企圖把這種價值觀宣傳給更多的人。

有人說，沒有錢的時候就不要談自尊，有錢的時候才有力氣談自尊。沒有錢，在一些事情上就會失去獨立性，無奈的受人支配，人為刀俎我為魚肉，任其宰割。

這話雖然有些尖銳，但事實就是這樣，除了那些天生就在羅馬城的人，我們這些凡夫俗子需要金錢來證明自己的價值，讓自己的理想在世俗的壓力下不至於過早的夭折。但我真的希望在這物欲橫流的社會給自己留一絲空間，除了金錢，也替自己找點別的樂子，別讓自己留遺憾。

有段時間，我暫時放棄其他的兼職，泡在圖書館裡一個月，搞清楚一些概念的含義，只為向客戶呈現一個完美的企

畫案。我也會思前想後，這麼做值得嗎？老闆又不會因為我做得多認真就給我加錢。

　　泡在圖書館查閱資料的時候，我讀到一段話：「在如此積極向上的時代裡，如此兵荒馬亂的心田中，如此俗務繁忙的一個人，還能一個字一個字寫完一本注定不會賺大錢的小說。」讀完這段話，我找到了我這麼努力的意義，不是為了誰，而是為了我自己。

　　每個人的生命中都會遇到這樣一位客人，他會在暴雪的夜裡敲開你的門。他或許沒有體面的外表，也許還衣衫襤褸，在凜冽的寒風中凍得瑟瑟發抖。你一定要把他請進來，耐心的招待他，給他溫暖的衣服和熱水，不要因為會耽誤自己賺錢就關上門。這個「不速之客」也許就是你期待已久的機遇，也許是你想實現的夢想。

　　就像裴晗和我的大學老師那樣，當你找到自己畢生熱愛的事業，你也會鼓足勇氣，放下一切，選擇熱愛的道路。

　　我們這一生，就算只顧著追逐世俗的煙火，也要為自己留一絲喘息的空隙，做一些和金錢無關的事情。到那時，當你回頭看到自己收穫的成就，就會覺得，金錢沒有那麼重要了。

真正的成長，就是不再急於成長

在網路上看到過很多這樣的文字：

「有什麼是你當初不信，現在深信不疑的道理？」

「哪些生活習慣可以影響一生？」

「你有什麼私人成長暗器？」

看到這些文章，有的人忙著轉發，有的人忙著收藏，更有甚者，把這些精練的小道理抄寫在自己的本子上，企圖透過這些道理，指導自己今後的人生。

這樣的人還不少：他們希望從前人的智慧裡汲取一些人生經驗，讓自己少走冤枉路；他們希望自己看到的每一篇文章都能「影印」在自己的腦海裡；他們希望自己每天都能悟出一條人生大道理。在這個時代，人人都過得用力過猛，這些簡單的道理都能獲得超高人數的按讚。

你以為把這些不需要任何理解能力就能背下的「金科玉律」牢記，就能變成自己的武林祕笈，從此條條大路通羅馬嗎？你以為這些道理，那些人在摔跤之前就沒有聽過嗎？

實際上，這些道理，是你「生病」後治病的藥，不是你以防萬一的預防針。只有在你摔跤之後，伴著血和淚服下，才會對你有所裨益。

什麼是真正的成長？所謂真正的成長，就是不再把「我要進步」掛在嘴邊，不會刻意發個文昭告天下今天我背了

多少單字，看了多少書。不會只對那些可量化的成就一心一意，不會執著於付出必須有回報，一個星期不吃晚飯必須要瘦五公斤，多背兩個題庫後一定要前進幾名。

真正的成長不是對自己定下苛刻的考核標準，生活又不是阿姨們坐在那裡織圍巾，一切所見即所得。

我有很多朋友在業餘時間跟我一樣也在社交平臺寫一寫文章，我們聚會的時候也討論一些相關的話題。以前，我們都是在「自嗨」，那時的成長更多的是自我反省。但是自從經營了平臺之後，一切成長都以粉絲數量和閱讀量為指標。有了可量化的資料之後，誰還在乎你的內在進步？他們只會問你：「今天你的粉絲人數成長了嗎？」

或許，這個世界對「世俗」和「成功」都有一套評判標準，你在忍受別人用標準衡量你的同時，你心裡應該有另外一套衡量的標準。時間本身是沒有標尺的，只是我們為了方便自己總結，把時間分成了一個個時段。

以前每到年底，老闆都會要手下的員工們寫寫今年的檢討。比如，今年談了多少業務？簽了幾個合約？犯了哪些錯誤？接下來的一年的工作計畫是什麼？等等。我把這些檢討看成我今年的成長，希望從這些成長中吸取一些經驗，換取接下來一年的燦爛。

今年，我依然會寫年度檢討，但是心態會不一樣。

對我來說，什麼是成長？成長就是明白了生活沒有標準

答案。沒有人能向你保證，你所付出的一切都能得到回報。

很多人的健身方法是錯誤的，還拚命在健身房揮汗如雨，結果搞得自己滿身運動傷害；一些創業者在成功後，向別人說自己在失敗的經驗中吸取了多少教訓，卻絕口不提自己浪費了多少好資源。

羅曼・羅蘭（Romain Rolland）曾說：「看清這個世界，然後愛它。」怎麼樣才叫真正的長大，就是不要被那些「你要去相信，沒有到不了的明天」的雞湯荼毒，不要自我麻痺，認準目標向前跑，無所畏懼。

以前看《六人行》（*Friends*），那六個人陪伴我度過十年。看著他們每天在同一家酒吧一本正經的胡說八道，一杯咖啡從滾燙喝到冰涼，樂此不疲的互虧，我都替他們著急，這些人什麼時候才能正經一點，把那些在酒吧胡扯的時間拿來學一項新技能該多好。

前段時間又重溫了一遍《六人行》，有了些不同的感受：那個第一季一出場就穿著婚紗一驚一乍的瑞秋，已經是一家時尚公司的主管了；無所事事的錢德勒，找到了自己熱愛的事業，也變成了一位有責任感的丈夫。

日復一日，年復一年，他們讓我大笑，後來當我覺得無趣了，卻發現他們已經變成了新的樣子。喬伊依然行為幼稚，莫妮卡還是強迫症末期，菲比依然古靈精怪。他們的個性特點依然閃亮，是他們最有代表性的名片，但是不同的

是，他們人生更有厚度了，再也不是年輕時一點點風吹草動就一驚一乍的樣子了。

我一直很喜歡一句話，叫做「但行好事，莫問前程」。這句話不是要你放下一切欲求，不求回報的去做事情。你的行為不是榨汁機，不是什麼東西放進去都能得到結果。哈維爾（Havel）說：「我們堅持一件事情，並不是因為這樣做了會有效果，而是堅信這樣做是對的。」這才是頗有成就的成長。

你的目標，不應該是成為最厲害的人

我們常常說「替自己定個小目標，我要……」，可實際上大部分人不知道怎麼定目標，甚至不知道目標是什麼。

就拿大學生來說，很多人都會有這種感覺，每天看似忙東忙西，過得很充實。但是當你回頭總結這一段時間的收穫時，卻發現自己白忙一場。

除此之外，還有不少「過來人」操著媽媽的心奉勸大學生們：「英語、辦公軟體、演講、寫作、運動、企劃等等這些技能都要學，不能光學，看書的時候得訓練自己的批判性思考，對一件事情做出判斷時，要站在大局觀看問題，要好好維護自己的人際關係，培養人脈，還得重視自己的精神生活，去戀愛，去旅行……」正如莊子所說：「吾生也有涯，而知也無涯。」

　　其實，很多大學生都有非常嚴重的焦慮情緒。為什麼呢？因為在上學的時候，他們習慣了自己名列前茅，但是進入大學校園，原本單一的評價標準變了，他們覺得再也沒有一個標準證明自己優秀了。所以他們變得貪心，只要能證明自己優秀，他們都想要，彷彿只有這樣才能找到成就感。

　　我曾經和一個朋友的孩子聊天，我問她：「妳念大學有什麼目標嗎？」

　　一貫成績優異的她說：「好好讀書，爭取成為班上最優秀的那一個，看能不能爭取一個保送研究所的資格吧！」

　　我說：「那妳得多累啊，妳準備怎麼做？」

　　她想了想，說：「我不怕累啊，我覺得進入大學跟我上高中的時候差不多吧，還不是要天天讀書，不過我的綜合特質得提升一下，我得有能力、有想法……」

　　有很多頗有上進心的大學生總覺得自己的時間不夠用，恨不得把自己變成行動硬碟，走到哪裡都能把看到的、聽到的儲存到自己的大腦裡。這種狀態看起來勤奮好學，實際上並沒有獲得什麼進步。這裡上一個小時英語，那裡聽半個小時線上課程，看似不停的在吸取營養，其實是在「鬼打牆」。

　　不僅僅是大學生，身在職場的人也是一樣，很多人只會弄出特別大的動靜：「我要賺錢，我要過我想要的生活！」卻根本不知道怎麼實現這個目標，他們根本不會設置目標。因此，我們口中的「我要變得更優秀」、「我要成為班上最屬

害的那個人」、「我要瘦 20 公斤」，這些根本不叫目標，充其量算口號。

什麼是目標？目標是明確的、清晰的，在一定的時間內能夠實現的，可操作性強的，並且能夠收穫結果的。就拿「我要變得更優秀」來說，你怎麼檢驗你很優秀？你要如何變得更優秀？

比如說，一個性格靦腆的人發現自己的缺點是口才不好，他想「變得更優秀」，於是為自己設定一個目標，「下個月的選題報告會，我要當眾做解說」。然後他把這個大目標分解成許多小目標，明確自己需要提升哪方面的能力，從語音語調、身體動作、選題內容、表達方式……開始鍛鍊自己。

接著，他買了一些關於演講的書，學習一些技巧，然後找到自己擅長演講的朋友指導自己，最後在朋友面前做練習。業餘時間，他反覆累積解說素材。在這個學習的過程中，他不斷反省，不斷改正。發現自己咬字不清晰，就反覆練習發音，發現自己語速太快，就反覆調整語速。只要發現不足，就及時糾正。

再比如，一個大學畢業要找工作的人，目標不應該是「我要成為公司裡最厲害的那一個」，而是要從眼前做起，設定一個比較貼合實際的目標：「我要在半個月之內找到工作。」那麼現在你就要開始準備了，準備履歷、學習面試技巧、準備面試作品等等，這樣目標就更容易實現了。

　　我們用積極進取的心態面對萬事萬物當然好，我們也應該對這個世界保有好奇心和求知欲。但是千萬不要把「我要當最厲害的人」這種不著邊際的話當作人生目標了。

　　我們要重新認識自己，把那些抽象的「厲害」變成切實可行的目標，這才是真正的厲害。

盡力做好自己，就是成就感

　　我雖然不喜歡某一個人，但是他說的一句話我非常贊同：我不是鈔票，不可能讓所有人都喜歡我。這句話我在這本書裡重複了非常多遍。我們之所以覺得成就感很低，是因為我們經常在為了取悅別人而活。

　　一個人不可能得到所有人的喜歡，因為大家的喜好形形色色。同理，你也不可能把一件事做得讓所有人都滿意。

　　有這樣一個寓言故事，雖然很老套，但寓意卻很深刻，想分享給大家：

　　有一天，一對父子牽著一匹馬去趕集，兒子走在前面，父親走在後面。有路人看到便笑話他們：「真傻啊，有一匹馬竟然不騎！」

　　父親聽到行人的話，覺得很有道理，就叫兒子騎上馬，自己牽著馬走。過了一會，又有人指指點點：「這個兒子真不孝順，竟然自己騎馬，讓父親替他牽著馬。」

於是，父親讓兒子下來，自己騎上馬，繼續往前走。沒過一會，又有人說：「這個人怎麼當爹的？竟然讓兒子走路，自己騎馬，也不怕一不注意孩子出個什麼好歹。」父親趕緊把兒子抱上馬背，兩人一起騎馬向前走，心想這下總沒人說閒話了吧。誰知道又有人說：「這匹馬這麼瘦，還被兩個人騎著，不怕把馬壓死了嗎？」

最後，父子倆乾脆把這匹馬綁起來，一前一後抬著走。然而，在經過一座小橋時，馬覺得很不舒服，掙扎了一下，掉進河裡被淹死了。

其實，在我們身邊，很多人都像現實故事中的父與子，太在乎別人的看法了，總是希望自己的行為得到別人的認可，所以別人說什麼，他們就做什麼，最後什麼收穫都沒有，還把自己的馬淹死了。

你不可能做得十全十美，所以面對一些無端的指責，你應該左耳進右耳出，不要太放在心上。把注意力放在自己正在做的事情上，專心走自己的路。曾有一位偉人說過：「走自己的路，讓別人說吧。」這句話應該作為我們的人生格言。一直活在別人的標準裡，怎麼會找到成就感呢？

在我們身邊，總會存在一些人，他們想和每個人都打好關係，不想得罪任何人。所以他們缺乏主見，覺得大家說的都對，沒有自己的判斷力。不管這些人是出於什麼目的這樣

做，我希望他們明白一點，想把事情做得滴水不漏、面面俱到是不可能的。

我們都是普通人，沒辦法做到八面玲瓏，把每個人的利益都顧及到。有時候，你覺得做到了，可是對方卻認為你做得不到位，這不是吃力不討好嗎？挑剔的眼光在我們周圍無時無刻存在著，批評是從別人的嘴裡說出來的，把自己的日子過好，才能充滿成就感。

雖然我們不能用膠布把別人的嘴都封上，但是我們可以選擇性「逃避」這些挑剔。只要我們問心無愧，盡力做好自己，就夠了。人生是自己的，我們存在的意義，不是為了迎合他人的眼光，這樣我們才能收穫自己的成就。

陳天偉就是一個非常沒有主見的人，常常為了一件事搖擺不定。大學畢業時，陳天偉去一家公司上班，沒想到才上班一個星期就遇到了尷尬的問題。一天，陳天偉慌慌張張衝進電梯，卻發現旁邊站著的就是之前面試他的 HR 總監。

陳天偉正在猶豫要不要打個招呼，但是又怕自己顯得太諂媚，人家還記不記得住自己都是問題，如果打了招呼不認識豈不是很尷尬，於是他決定就當沒看見。沒想到一到辦公室，主管就要他送文件給 HR 總監，剛巧遇到主管從辦公室裡出來，卻像沒看到他一樣，與陳天偉擦肩而過。陳天偉覺得，總監肯定看到他了，他後悔不已。

真是「禍不單行」，沒過多久，主管帶著陳天偉，和總

監一起陪客戶吃飯。因為上次的「電梯事件」，陳天偉很想藉這個契機和總監緩和關係，但是整個飯局上，他幾乎沒有任何表現，全部都是內心戲，思來想去也沒什麼進展。

在回飯店的途中，主管和總監開始討論工作上的事情。陳天偉心想：我一個新人，主管們說事情我也不好插嘴。於是接著保持沉默。中間總監揉了揉自己的胃，他想趁機關心一下總監是不是不舒服。但是他又覺得會不會太刻意。倒是陳天偉的主管說了一句：「怎麼？晚上吃的東西不好？胃不舒服？」總監嘆了口氣說：「胃炎，老毛病了，一變天就犯病。」

主管和總監又開始討論生活上的事情了，陳天偉很想加入聊天，又想人家關係這麼近才能聊得開，自己有什麼資格聊呢？因此，從開始到結束，陳天偉一直在和自己的內心戲爭鬥。

後來大家到一個茶樓，他更加不知所措了。因為他覺得自己一個新人，冒昧的敬茶不太好，還是安安靜靜的吧。與客戶交流、聊天這種事，他之前沒有接觸過，也不知道怎麼開口，他的主管也沒有事先交代過。陳天偉就像空氣一樣，坐在旁邊。主管要他表現自己，向客戶敬個茶，但是又因為太緊張打翻了茶杯，搞砸了表現的機會……陳天偉的故事看上去好像是因為自己太木訥，處世不夠圓滑，為什麼他會出現這種情況呢？陳天偉會感到左右兩難、猶豫不決，是因為

他在無形中被他人的想法給「綁架」了，他很在乎同事們的看法、主管的看法、總監的看法，以至於最後他做的都不是自己真心想做的事情。

總是把別人的想法看得太重，難免會讓別人的情緒左右自己，對於別人的話，也許你不經過思考就會接受。一旦你被注入他人的思維，就像被下了一道符咒，不管是現在還是將來，都會受到它深深的影響，就像故事中的陳天偉一樣。這樣下去怎麼會收穫成就感呢？

我們最大的弊病就是太在乎別人的看法了，本來很簡單的一個決定，因為別人的一句話變得非常複雜。如果你想過一個有成就感的人生，就要堅持自己，不要被別人的看法左右。放下「取悅」的執念，盡力做好自己，也是成就感。

會捨棄，才會得到

我們的生活已經被一些雜亂的事情填滿了，如果你還不停的往有限的時間裡填充無限的事情，每天都過得這麼沉重，怎麼會有成就感？

有一個年輕人覺得自己的生活實在是太沉重了，就去向禪師求解，希望他能幫助自己。禪師看了看年輕人，給了他一個袋子讓他背在身上，對他說：「你看到門口的那條小路了嗎？你每看到一塊石頭就撿起來放到袋子裡，看看最後是

什麼感覺？」年輕人照著禪師說的去做了，而禪師則快步走
到了這條路的終點。

過了很久，年輕人終於到達了小路的終點，禪師問他：
「你感覺如何？」

年輕人說：「我感覺越來越沉重。」

「現在你知道為什麼你覺得生活越來越沉重了嗎？」禪
師接著說，「我們每個人來到這世界上都背著一個袋子，我
們一邊成長，一邊從這個世界上拿一件東西放到自己的袋子
裡，所以我們才會越來越累。」

年輕人繼續問：「有什麼辦法可以減輕負擔嗎？」

禪師說：「很簡單，你把袋子裡面放的東西一點一點拿
出來不就好了嗎？我們不需要給自己肩上施加那麼多負擔，
不然我們會被拖垮的。」年輕人聽到後，恍然大悟。

我們身處一個越來越發達的社會，我們身在其中，節奏
越來越快，過得越來越充實，卻少了一分恬淡的氣息。我們
被無數的包袱壓得喘不過氣來，不是抱怨薪水太低，就是抱
怨戀人太忙，這的確非常可悲。不過歸根究柢，還是我們自
己的問題。

我的朋友娜娜一直倡導簡單生活，她作為一家上市公司的
高階主管，在這個行業奮鬥了好幾年以後，有一天，她坐在自
己的書桌旁，看著記事本上密密麻麻的工作安排，突然覺得自
己不能再這樣下去了，因為緊張的工作已經讓她喘不過氣來。

　　她覺得自己的生活已經沒有喘息的空間了，工作上還要見縫插針，這哪是人過的日子。以至於有段時間她去看了精神科醫生，她懷疑自己得了憂鬱症。於是她做了一個決定，她想過簡單純粹的生活。

　　她拿出一張白紙，列了一個清單，這個清單上是她想「清理乾淨」的事情。然後她開始行動了，她取消了所有預約的活動，發郵件退訂了所有多餘的雜誌。並且把茶几上、書櫃上所有看過的雜誌都賣掉了。為了減少每個月的帳單，她剪掉了幾張信用卡。透過這些改變，她的生活變得簡單了許多。

　　娜娜現在再也不會抱怨工作雜亂無章了，她發現以前自己覺得很重要的東西，其實沒那麼重要。

　　然而，在現實生活中，還是有很多人背著欲望的包袱不肯撒手。我們人人都有欲望，有些欲望能催人奮進，但有的欲望卻會把人推入一個貪婪的深淵。這樣的欲望只會徒增壓力，阻礙前進的腳步，甚至會引人入歧途。

　　如果讓一己私欲無限膨脹，包袱裡面的石頭越來越多，我們肩上的壓力就會越來越重。只有狠下心，丟掉一些石頭，才能讓自己喘口氣，感受生活的美好。

　　我們不會放手，反而把手越捏越緊，只會讓自己失去的東西越來越多。而懂得放下，才能擁有更多。

　　有一天，老和尚和小和尚一起下山，過河時遇到了一個女人。這個女人明顯行動不方便，如果沒有其他人的幫助，

這條河僅憑她自己是絕對過不去的。老和尚見此情景，背起女人就過河了，到了河對岸才把這個女人放下。

小和尚大吃一驚：「師父，男女授受不親！你為什麼要背著這個女人過河？」老和尚沒有理會他。小和尚自己嘀嘀咕咕走了一路，又忍不住問老和尚：「師父到底是怎麼了？你不知道我們有戒律嗎？為什麼要背著女人過河？」老和尚看了小和尚一眼說：「我已經放下了，可你還沒有放下。」

實際上，我們身邊大部分人都是故事中的小和尚。我們之所以覺得不開心、生活沒意思、人生沒有成就感，就是因為還沒把自己內心的欲望放下。因為放不下，所以我們覺得越來越累，最後被自己壓垮。

在現實生活中，相信大部分人都認為，成就感就是能得到自己想得到的，但恰恰相反，學會放下才能得到更多。因為當你遇到真的值得珍惜的事物，想撿起來時，會發現袋子裡已經沒有空間了。

我們該放下的是對名利的執著，如果堅持不放手，我們就會被名利禁錮，雜念越來越多，前進的步伐就越來越慢。法國哲學家蒙田曾說：「今天的放棄，正是為了明天的得到。」這是人生智慧的表現。

會放下是一種胸懷，更是能力的表現。有的人放下得很自然，帶著灑脫，說放就放；有的人放下得很無奈，扭扭捏捏，不情不願。你若灑灑放手，心結自然打開，無欲則剛，

以後還有什麼能難得住你呢？你若放得不情不願，日後再想起，必是一個心結，怎麼會輕鬆走下去？瀟灑放手，收穫的是美好的回憶，無奈放手，收穫的就是傷心往事了。如果是你，你選哪個？

俗話說：「當斷不斷，必受其亂。」不要為了一棵大樹，就放棄整片森林。放下是一種大智慧，我們會面對不同的選擇，該放手時就放手吧。把身後的袋子騰空，才有空間放下將來的成就，不是嗎？

保持樂觀，屬於你的歲月都會給你

在一次採訪中，一位記者向年輕的企業家問了這樣一個問題：「您現在已經這麼有成就了，能不能給您的同齡人一些建議呢？讓他們在摸索的道路上少走冤枉路？」

年輕企業家很堅定的說：「建議真的沒有，通往成功的路本來就是很曲折的，就像登山一樣，山頂就在前方，可是只有你堅持到底，不畏艱險才能到達。」

我們這一生，總是會遇到一些挫折，誰這輩子會是一帆風順的呢？在哪裡跌倒，就在哪裡爬起來重新開始。我們為什麼總覺得自己成就感太低，因為我們對沮喪「愛得深沉」。我麼不能活在一步登天的夢裡，正確認識成就，我們才能獲得成就。

我想到這樣一個故事：

在美國，有一位吃了這餐沒下一餐的年輕人，當時他已經窮困到連一件像樣的衣服都買不起，但是他依舊一心一意的追尋自己心中的電影夢，從未放棄過。好萊塢有多少家電影公司，每家電影公司位在哪裡，他如數家珍。

他根據每一家電影公司的地址，規劃好了路線，按照順序一一登門拜訪，但是一路下來，沒有一家公司願意錄用他。

即使面對這麼多拒絕，這位年輕人也從未動過放棄的念頭。他走出最後一家電影公司的大門，又按照路線，從第一家重新嘗試。第二輪的嘗試依舊「全軍覆沒」，第三輪也是一樣，沒有一家看好他。

這位年輕人還是不放棄，固執的繼續他的拜訪。這一輪，事情有了轉機，有一家電影公司願意留下他的劇本看一看。幾天後，這位年輕人接到了這家電影公司的電話，邀請他去公司詳談。在這次詳談中，電影公司表示願意投資拍攝他的這個劇本，並且邀請他擔任男主角。這部電影就是《洛基》（*Rocky*），這位年輕人就是史特龍（Sylvester Stallone）。

我們現在研究電影史，這部《洛基》依舊是電影人口中的口碑之作，史特龍也成為紅遍全球的電影明星。史特龍的人生經歷告訴我們：「失敗乃成功之母。」不要著急，不要放棄，堅持一下，說不定成功就在前方。

　　我們常常羨慕別人的成功，並以此來對比自己有多失敗，為什麼自己不能收穫成功的喜悅？可是，我們思考過自己和成功者的差別在哪裡嗎？我們總是因為一、兩次的失敗，就否定自己的未來，可是那些成功者卻痛定思痛，把失敗當成未來的加油站，從中汲取教訓，指導自己的成功。他們會對自己說：「我並沒有失敗，我只是暫時沒成功。」總之，越喪氣越要沉得住氣，摔跤不可怕，躺在地上起不來才可怕。

　　樂觀是一種非常積極的性格，代表著一種向上的生活態度。什麼叫樂觀呢？就是不管在怎樣的逆境下，都能保持積極向上的心態，堅信眼前的障礙是暫時的，總會有柳暗花明的那一天。

　　在漫長的人生道路上，我們一定會遇到很多小插曲，不管順利或挫折、開心或難過、夢想和現實等等，我們都流露相應的情緒。遇到開心的事情，歡呼雀躍是自然的，但是難過的時候，還要強顏歡笑就很難了。我們想要開心，還是要調整自己的心態，如何度過每一天，選擇權在我們自己。

　　瑪麗是一名作家，年輕時，她陪丈夫在沙漠的軍營裡駐紮。丈夫軍務繁忙，她只能自己待在狹小的房子裡，氣候非常惡劣，當地的居民不懂英語，沒人和她交流，所以日子非常無聊。她覺得待不下去了，於是寫信給父親，表示自己想拋下一切回家。父親給她的回信只有兩句話：「兩個人一起

看向牢房的外面，一個看到了荒蕪的泥土，另一個卻看到了燦爛的星空。」

瑪麗反覆的讀父親寫給自己的信，她感到非常慚愧，她決定在沙漠中尋找自己的星空。瑪麗走出狹小的房間，開始和當地人交朋友。當地人的反應讓瑪麗非常驚訝，她對當地的工藝品、紡織品非常感興趣，當地人就把他們最喜歡、最捨不得的寶貝送給她。

在那裡，瑪麗還研究了仙人掌和各種沙漠動植物，去沙漠看日出，研究海螺殼，她還發現沙漠裡之所以會有海螺殼，是因為十幾萬年前這片沙漠是一片海洋……原本難熬的時光變成了令人激動、興奮、充實、充滿成就感的每一天。

只是轉換了一個觀念，瑪麗把以前無聊透頂的生活變成了一場關於沙漠的冒險，還根據自己的經歷寫了一本書。她終於做到了父親說的，從自己的小窗口看出去，看到了一片燦爛的星空。

拿破崙·希爾（Napoleon Hill）曾說：「一個人是否能收穫成就，關鍵看他的心態。」這句話告訴我們，我們想要收穫成就感，心態很重要。

前段時間，朋友姜維在一家公司上班上得好好的，突然被辭退了。老闆並沒有向他解釋什麼，唯一的理由就是公司人力結構調整，現在不需要這麼多員工了。更讓姜維難以接受的是，就在半年前，另一家公司用高薪挖他走，他把這件

事情告訴了老闆，老闆說：「你放心在這裡工作，公司不能沒有你，以後有的是好處，跟著我，前途無量。」

可是現在姜維卻遇到這樣的事情，可想而知他是多難過。他一直被被拋棄、不被需要的負面情緒纏繞著，一個原本動力滿滿的年輕人，突然變得消沉、落寞。在這種情況下，姜維怎麼會找到新工作呢？

有一天，姜維讀到一本書，書裡講了積極心態的正面作用。讀完這本書後，他開始反省自己，目前這種情況會存在積極因素嗎？他不清楚，但是他明白自己現在完全被負面情緒充斥，這也是他一直停留在谷底的主要原因。他也明白，想要擺脫這種情緒，只能自己慢慢調整心態。

於是，姜維開始調整自己的情緒，擺脫消極思想，用積極的事情鼓勵自己，對待任何事情都充滿熱情。從那以後，他又回到了當初那個意氣風發的樣子，並且找到了一份比以前待遇更好的工作。

如果姜維當初沒有調節好自己的情緒，內心還是充滿抱怨和憂慮，他也不會遇到比以前更好的機會。如果他在面試時，仍然帶著對前公司的怨氣，面試官會錄取他嗎？所以，姜維後來柳暗花明一點都不讓人驚訝，他只不過是做了一件對的事情。

當樂觀的人遇到危機時，他看到的是機遇和希望；而悲觀的人遇到危機，看到的卻是壓力和絕望。樂觀的心態會

讓事情向好的方向發展，悲觀的情緒只會讓事態變得更加嚴重。

　　做一個佛系年輕人，保持樂觀的心態，需要我們在遇到挫折時往好的方面想，並始終堅信：「這只是暫時的挑戰，很快就會過去的。」當我們歷盡千帆，獲得成績時，回頭展望，原來那些曾以為度不過的難關並不可怕，挺過來了，就是成就。

電子書購買

爽讀 APP

國家圖書館出版品預行編目資料

每年，我都有 365 天想辭職：整天瞎忙、看人眼
色、失去動力、沒有愛好……雞湯只能暖胃不暖
心，成就感就能滿足你的自信心！ / 龐金玲 著 . --
第一版 . -- 臺北市：財經錢線文化事業有限公司，
2024.01
面；　公分
POD 版
ISBN 978-957-680-711-4(平裝)
1.CST: 職場成功法 2.CST: 自我實現
494.35　　112020949

每年，我都有 365 天想辭職：整天瞎忙、看人眼色、失去動力、沒有愛好……雞湯只能暖胃不暖心，成就感就能滿足你的自信心！

臉書

作　　　者：龐金玲
發 行 人：黃振庭
出 版 者：財經錢線文化事業有限公司
發 行 者：財經錢線文化事業有限公司
E - m a i l：sonbookservice@gmail.com
粉 絲 頁：https://www.facebook.com/sonbookss/
網　　　址：https://sonbook.net/
地　　　址：台北市中正區重慶南路一段六十一號八樓 815 室
Rm. 815, 8F., No.61, Sec. 1, Chongqing S. Rd., Zhongzheng Dist., Taipei City 100,
Taiwan
電　　　話：(02) 2370-3310　　傳　　真：(02) 2388-1990
印　　　刷：京峯數位服務有限公司
律師顧問：廣華律師事務所 張珮琦律師

定　　　價：330 元
發行日期：2024 年 01 月第一版
◎本書以 POD 印製